やさしくまるごと 小学理科 改訂版

学研プラス 編

マンガ 安斉 俊

JN051813

Gakken

この本を手にしたみなさんへ

勉強は "あまりやりたくないもの"。
これは今も昔も，多くの子どもたちにとって同じです。
そして "勉強は大事なもの" "勉強をがんばることは将来につながる" ということも，今と昔で変わりません。

やりたくないけど大事である勉強に対して，みなさんがやる気になれる参考書・やる気が続く参考書はどんなものだろう？

そんな問いに頭を悩ませながら作ったのが，この『やさしくまるごと小学』シリーズです。
この本には

・マンガやイラストが多く，手に取って読んでみたくなる。
・説明がわかりやすくて，成績が伸びやすい。
・先生の授業がいつでもYouTubeで見られる。
・小学校3年から6年の内容が入っているから，つまずいたところから総復習できる。
といった多くの特長があります。
このような参考書を作るのはとても骨の折れる仕事ではありましたが，できあがってみると，みなさんにとってとても役に立つものにできたと思っています。
(「自分が子どものころにこんな参考書があったらよかったのに……」とも思います)

この本を使って，「勉強がたのしくなった」「成績が伸びてうれしい」とみなさんが感じてくれたらうれしいです。

編集部より

あなたの決意をここに書いてみよう！

(例)「この本を1年間でやりきる！」とか「学校の理科のテストで今年のうちに100点を3回以上取る！」など

勉強する曜日とはじめる時刻をここに宣言しよう！

【1日の勉強時間のめやす】➡ （　　　　　　　）

月曜日	火曜日	水曜日	木曜日	金曜日	土曜日	日曜日

本書の特長と使いかた

まずは「たのしい」から。

　たのしい先生や，好きな先生の教えてくれる教科は，勉強にも身が入り得意教科になったりするものです。参考書にも似た側面があるのではないかと思います。

　本書は，読んでいる人に「たのしいな」と思ってもらえることを願い，個性豊かなキャラクターの登場するマンガをたくさんのせています。まずはマンガを読んで，この参考書をたのしみ，少しずつ勉強に取り組むクセをつけるようにしてください。勉強するクセがつきはじめれば，学習の理解度も上がってくるはずです。

小学校３年から６年の内容をしっかり学べる。

　本書は小学校３年から６年の内容を１冊に収めてありますので，自分に合った使いかたで学習することができます。はじめて学ぶ人は学校の進度に合わせて進める，前の学年の勉強をおさらいしたい人は１日に２・３レッスン進めるなど，使いかたは自由です。

　本文の説明はすべて，なるべくわかりやすいように書いてあります。また，理解度を確認できるように問題もたくさんのせてありますので，この１冊で小学校３年から６年の学習内容をちゃんとマスターできる作りになっています。

動画授業があなただけの先生に。

　本書の動画マーク（🖥）がついた部分は，YouTubeで塾の先生の授業が見られます。動画をはじめから見てイチから理解をしていくもよし，学校の授業の予習に使うもよし，つまずいてしまった問題の解説の動画だけを見るもよし。パソコンやスマートフォンでいつでも見られますので，活用してください。

　DVDには塾の先生おすすめの勉強法と，１レッスン分のお試し動画が収録されています。学習をはじめる前にDVDを見て，より効果的な勉強の仕方を確認しましょう。

　誌面にあるQRコードは，スマートフォンで直接YouTubeにアクセスできるように設けたものです。

> YouTubeの動画一覧はこちらから
>
> https://gakken-ep.jp/extra/
> yasamaru_p/movie.html

※動画の公開は予告なく終了することがございます。

Prologue
[プロローグ]

理科テスト返きゃく!!

すごーい!

理科のテストで100点はミスサイエンスとしては当然よ

ちらっ

おーっほっほ!

おかしいなぁ
マリちゃんも理科は苦手だったのに

なんだよミス・サイエンスって

ち〜〜ん

はじめ 10

もうすこしがんばりましょう

理科が苦手な男の子
はじめ君

ガララ

理科室

あれ?
マリちゃんだ

理科室?
そういえば
教室出るときに……

4

オイラたちのクラブの新入部員ケロ？

なぁ～んだ
オイラたちを
たよってきたケロね

ようこそ！
理科くらぶへ！

理科ぎらい
大かんげい！！

ようこそ！！ 理科くらぶへ！！

ぼくは入部しに来た
わけじゃ……

えんりょ
するなケロー

そうよ！
わたしたちも手取り足取り
教えてあげるわ！

つきあって
やるぜ

よろしく
ケロー！

何なんだ
こいつらー

Contents
もくじ

〈キャラクター紹介〉

はじめ

外で遊ぶのが大好きな
小学4年生。
お調子者。
理科があまり得意ではなく、
まりちゃんに対抗意識を
燃やしている。

りかっぱ

理科の準備室に住みついている
かっぱ。
はじめ君に理科を教えると意気
ごんでいる。
いつも「ようかい液」を首から
ぶら下げている。

まり

はじめ君のクラスメイト。
クラスのミスサイエンス。
理科が得意だが、こん虫が大の
苦手。

はじめの母
はじめ君の家のムードメーカー。
明るく、きびしく、はじめ君の
ことを応えんする。

はじめの父
のんびりした性格。
鉄道好きで、話し始めると止ま
らない。

植物の育ち方 ［3年］

このレッスンのはじめに♪

　公園や学校など，私たちのまわりにはいろいろな植物やきれいな色の花がさいていますね。これらの植物がどのような形や大きさをしているのか観察したり，種をまいて植物がどのように大きくなっていくのか調べてみましょう。

1 自然の観察

授業動画は
こちらから

植物のようす

校庭や公園には，いろいろな植物がさいています。身近な植物を，虫めがねを使ってくわしく見たり，手でさわったりして，観察してみましょう。

ポイント 虫めがねの使い方

動かせるものを見るとき

虫めがねを目の近くに持ち，見るものを近づけたり，遠ざけたりする。

動かせないものを見るとき

見るものに体を近づけて，虫めがねを見るものに近づけたり遠ざけたりする。

注意！
目をいためるので，虫めがねで太陽を見てはいけないよ！

記録カード

観察した後は，色や形，大きさなど，気がついたことをカードに書きましょう。

ポイント 記録のしかた

❶ 植物の色や形，大きさなど全体のすがたをかきましょう。
❷ 観察したものを真ん中にして，大きくかきましょう。
❸ 見つけた場所，気がついたこともかきましょう。

タンポポ
3年1組 ○○○
4月20日（中庭）

〔気づいたこと〕
・花の色は黄色い。
・葉の形はぎざぎざしている。
・くきをおると白いしるが出る。

チェック 1 次の問題に答えましょう。　　　　　　　　　　👉答えは別冊p.1へ

(1) 虫めがねを使って，見てはいけないものは何ですか。　　　　（　　　　　　　　　　）
(2) 観察したものを記録する時，色や形，大きさや気がついたこと以外にどのようなことを記録すればいいですか。　　　（　　　　　　　　　　　　　　　）

② 植物を育てよう

🌱種をまこう

　自然の観察で，植物には，いろいろな色や形，大きさなどがあることを知りました。

　では，これらの植物はどのように育ってきたのか，種をまいて調べてみましょう。

 種のまき方

① 土をよく耕す。

② 肥料を入れて，土とよくまぜる。

③ 指であなをあけて種をまき，土を少しかける。

④ 水やりをして，土がかわかないようにする。

植物によって，種のまき方がちがうんだね！

ヒマワリ
50 cm くらい
肥料をまぜた土

ホウセンカ
15 cm くらい　15 cm くらい
肥料をまぜた土

🌱種から芽が出たあとを観察してみましょう。

ヒマワリ

芽が出る　　子葉　　子葉　葉　葉

ホウセンカ

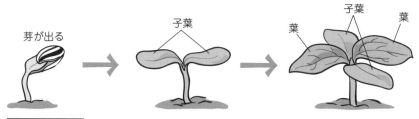

芽が出る　　子葉　　葉　子葉　葉

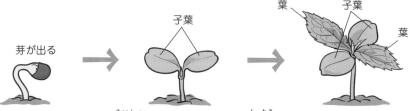

・種をまいたあと，最初に出てきた葉を**子葉**といいます。

・子葉が出てしばらくすると，葉が出てきます。

🌱植物の体

　植物は，葉の数が増えたり，草たけが高くなったり，くきが太くなったりしてきました。植物の体が，どんなつくりになっているか調べてみましょう。

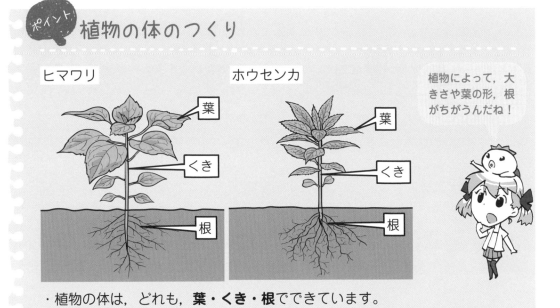

ポイント 植物の体のつくり

ヒマワリ

葉
くき
根

ホウセンカ

葉
くき
根

植物によって，大きさや葉の形，根がちがうんだね！

・植物の体は，どれも，**葉・くき・根**でできています。
・葉はくきにつき，根はくきの下のほうから出て，土の中にのびています。

🌸花

　育ててきた植物は，やがて花がさき，実ができているものもあります。
　どんな花がさいたり，実ができたりしているか，観察してみましょう。

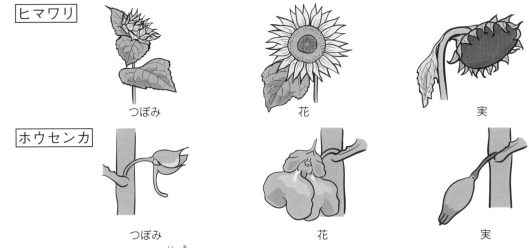

ヒマワリ

つぼみ　　　　　花　　　　　実

ホウセンカ

つぼみ　　　　　花　　　　　実

・実は，花がついていた位置にできます。

- -

チェック **2**　次の問題に答えましょう。　　　　🡆答えは別冊p.1へ

　種をまいたあとに，最初に出てくる葉を何といいますか。　　　（　　　　　　　　　）

♣花が終わったあと

花が終わったあとの植物は，どのように育っているのか，観察（かんさつ）してみましょう。

ヒマワリ  種
かれたところ

ホウセンカ  種
かれたところ

・花がさくとそのあとに**実**ができます。そして，実を残（のこ）して，花はかれていきます。

・実の中に**種**（たね）ができます。そして，たくさんの種を残して，実はかれていきます。

ポイント 植物の一生

ホウセンカ

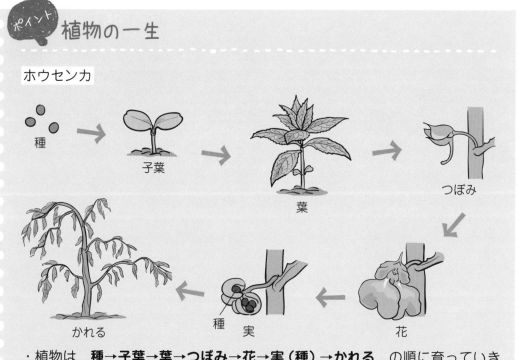

・植物は，**種→子葉→葉→つぼみ→花→実（種）→かれる** の順に育っていきます。

・植物の種類（しゅるい）がちがっても，育ち方の順（じゅん）じょにはきまりがあります。

チェック **3** 次の問題に答えましょう。　　　　　　　　➡**答えは別冊p.1へ**

（1）　花がさいたあとに，何ができますか。　　　　　（　　　　　　　　　）

（2）　（1）の中に何ができますか。　　　　　　　　（　　　　　　　　　）

レッスン**1** の力だめし

授業動画は
こちらから

➡ 答えは別冊p.1へ

1 種のまき方について，（　　　）にあてはまる言葉を書きましょう。

(1) 花だんの土をよく（　　　　　　　　　　　）。

(2) （　　　　　　　　　　）を入れて，（　　　　　　　　）とよくまぜる。

(3) （　　　　　　　）であなをあけ，（　　　　　）をまき，土を少しかけて
（　　　　　）をやる。

2 芽ばえのようすについて，問題に答えましょう。

右の図は，ヒマワリの芽が出たあとのようすです。

(1) はじめに出たアは何といいますか。
（　　　　　　　　　　）

(2) 次に出たイは何といいますか。
（　　　　　　　　　　）

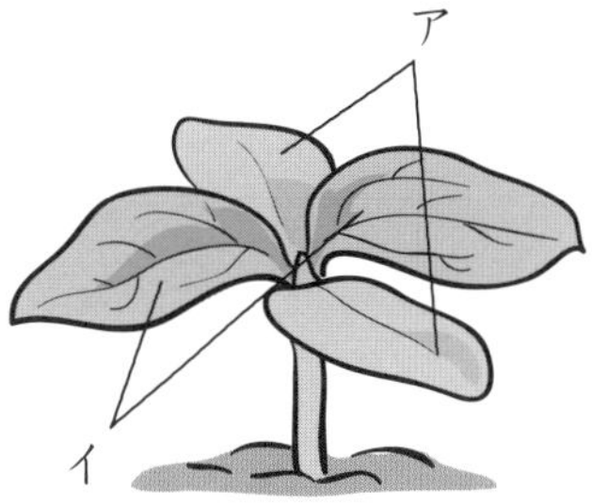

3 植物の体について，次の図のア，イ，ウの部分は何といいますか。

ア　（　　　　　　　　）
イ　（　　　　　　　　）
ウ　（　　　　　　　　）

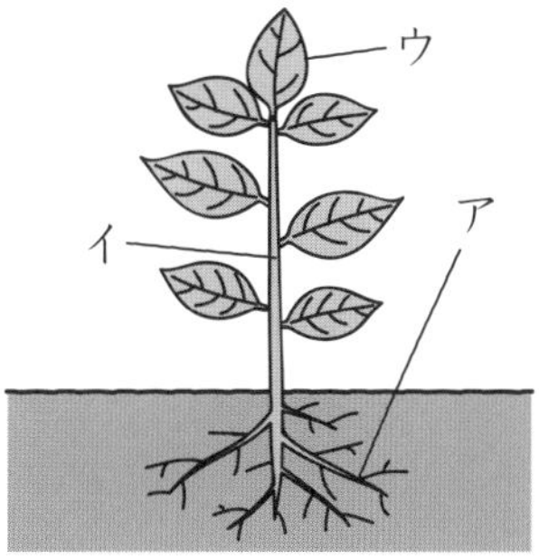

4 植物の育つ順じょについて，（　　　）にあてはまる言葉を書きましょう。

（　　　　　　）→子葉→葉→つぼみ→（　　　　　　）→（　　　　　　）→かれる

植物の育ち方　**15**

レッスン 2 自然の観察と生き物

〔3年〕

このレッスンのはじめに♪

　あたたかくなってくると，チョウやハチなどたくさんのこん虫が飛んでいますね。こん虫はどんなところにすんで，何を食べているのかな。たまごからこん虫を育てて，こん虫の種類や体のつくりなどを勉強しましょう。

16

1 生き物のようす

授業動画は
こちらから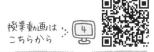

👥 生き物とまわりのようす

　公園などには，いろいろな生き物がいます。どのような生き物が，どこにいて何をしているのか，観察（かんさつ）してみましょう。

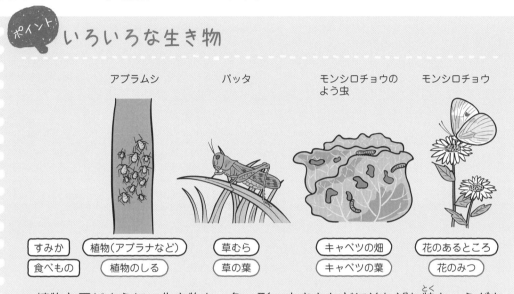

ポイント　いろいろな生き物

アブラムシ	バッタ	モンシロチョウのよう虫	モンシロチョウ

| すみか | 植物（アブラナなど） | 草むら | キャベツの畑 | 花のあるところ |
| 食べもの | 植物のしる | 草の葉 | キャベツの葉 | 花のみつ |

・植物と同じように，生き物も，色・形・大きさなどにそれぞれ特（とく）ちょうがあります。

・また，生き物は，**食べもののそば**や，**かくれやすいところ**などを，**すみか**にしているのです。

👥 たまごのようす

　モンシロチョウは，キャベツの葉にたまごを産（う）みにきます。

たまごを産むモンシロチョウ

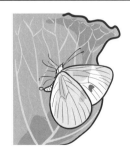

たまごはうすい黄色

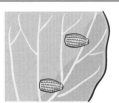

たまごの大きさは1mm
ほど。
うすい黄色でたてなが。

チェック 1　次の問題に答えましょう。　　　　　　　👉 答えは別冊p.1へ

(1)　モンシロチョウのよう虫は，どこをすみかにしていますか。　　（　　　　　　　　　　）

(2)　(1)をすみかにしている理由は何ですか。　　（　　　　　　　　　　　　　　　）

---

② こん虫の飼い方と育ち方

授業動画は
こちらから ⑤

✿モンシロチョウのよう虫の飼い方

　モンシロチョウはどのように育っていく
のか，観察してみましょう。

① 入れ物は，直せつ日光が当たらないところ
　に置く。

② えさは，毎日取りかえて，ふんのそうじを
　する。

③ 新しい葉にかえるときは，よう虫のまわりの葉を
　切り取り，古い葉にのせたまま，入れ物にもどす。

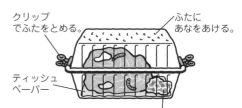

クリップ
でふたをとめる。

ふたに
あなをあける。

ティッシュ
ペーパー

水でぬらしたティッシュペーパーで葉の切り口をつつみ，
アルミニウムはくでおおって，葉がかわくのを防ぐ。

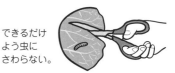

できるだけ
よう虫に
さわらない。

ポイント！ **モンシロチョウの育ち方**

・モンシロチョウは，**たまご**から**よう虫**になり，皮をぬぎながら大きくなり，
さなぎになって**成虫**になります。

・このように，**よう虫がさなぎになってから成虫になること**を，**完全変態**と
いいます。（モンシロチョウ，カブトムシ，アリ　など）

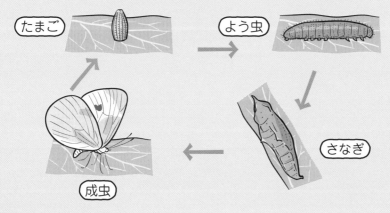

たまご → よう虫

さなぎ

成虫

もっとくわしく　さなぎのようす

・さなぎになって，2週間ぐらいたつと，成虫が出てきます。

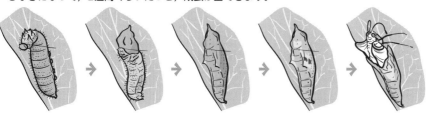

さなぎの間は，
何も食べない
んだよ！

糸を体にかける。　皮をぬぐ。　さなぎになる。　はねがすけて　成虫が出る。
　　　　　　　　　　　　　　　　　　　　　　　見え始める。

トンボやバッタなど，ほかのこん虫は，どのように育っていくのか観察してみましょう。

🐛トンボやバッタのよう虫の飼い方

トンボ

　①入れ物に１～２ひきのよう虫を入れる。
　②えさは，イトミミズなど。

バッタ

　①バッタがいたところの植物を植える。
　②ときどき，きりふきで土をしめらせる。

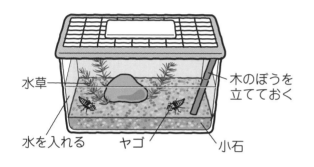

水草
木のぼうを立てておく
水を入れる
ヤゴ
小石

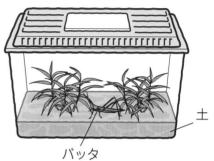

土
バッタ

・それぞれのよう虫が**住みやすいかんきょう**をつくってあげましょう。

ポイント　トンボやバッタの育ち方

・トンボやバッタは，**たまごからよう虫**になり，皮をぬぎながら**成虫**になります。このように，**よう虫がさなぎにならないで成虫になること**を，**不完全変態**といいます。（トンボ，バッタ，カマキリ，セミ　など）

トンボは，さなぎにならないんだね！

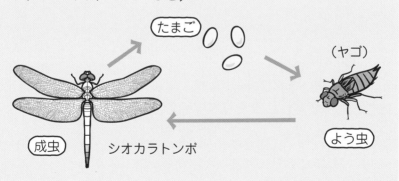

たまご
（ヤゴ）
よう虫
成虫　シオカラトンボ

チェック 2　次の問題に答えましょう。　　　　　🐟**答えは別冊p.1へ**

　トンボのように，「さなぎ」の時期がない育ち方を何といいますか。

（　　　　　　　　　　　）

3 こん虫の体のつくり

授業動画は こちらから

こん虫の仲間の体のつくり

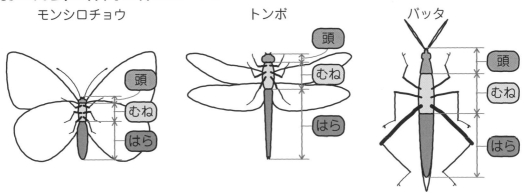

モンシロチョウ　　　　トンボ　　　　バッタ

頭・むね・はら

- 成虫の体は，**頭・むね・はら の3つの部分**があり，**むねには6本のあし**がつい ています。このような仲間をこん虫といいます。

もっとくわしく ダンゴムシやクモの体のつくり

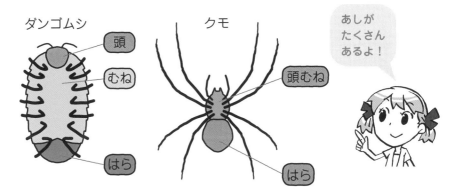

ダンゴムシ　　　　クモ

あしが たくさん あるよ！

- ダンゴムシやクモは，あしがたくさんあったり，体が3つの部分に分かれたりしていないので，こん虫ではありません。

こん虫の頭

こん虫の頭には，**目・口・しょっ角**がついています。目やしょっ角は，**食べものを探したり，まわりのようすを見て，危険（きけん）を感じとったりする役目**をしています。

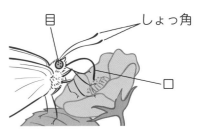

目　　　　しょっ角

口

チェック 3 次の問題に答えましょう。　　　　➡ **答えは別冊p.1へ**

(1) こん虫の成虫の体は，3つの部分に分かれています。3つの部分を書きましょう。
（　　　　・　　　　・　　　　）

(2) こん虫の目やしょっ角にはどのような役目がありますか。
（　　　　をさがしたり，　　　　を感じとる。）

レッスン2 の力だめし

答えは別冊p.2へ

1 下のア〜エの生き物は何をえさにしているか，答えましょう。

ア　　　　　　　イ　　　　　　　ウ　　　　　　　エ

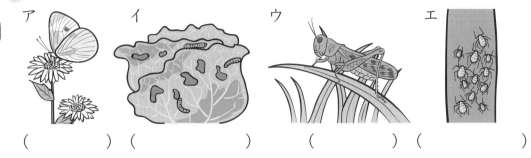

（　　　　　　　）（　　　　　　　）（　　　　　　　）（　　　　　　　）

2 モンシロチョウの育ち方について，次の問題に答えましょう。

(1)　下の（　　　　）にあてはまる言葉を入れましょう。

たまご→（　　　　　　　）→（　　　　　　　）→成虫

(2)　(1)のような育ち方を何といいますか。　　　　　　（　　　　変態）

3 (1)〜(4)にあてはまるものを，ア〜エからえらんで（　　）に書きましょう。

(1)　ほとんど動かず，えさも食べない。

（　　）

ア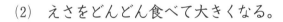

(2)　えさをどんどん食べて大きくなる。

（　　）

イ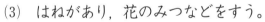

(3)　はねがあり，花のみつなどをすう。

（　　）

ウ

(4)　うすい黄色で，1mmくらいの大きさである。

（　　）

エ

4 下の生き物の中から，こん虫の仲間をすべて選んで（　　　　　）に書きましょう。

ミミズ　　　　スズメ　　　　　カマキリ　　　　バッタ

（　　　　　　　　　　　　　　　　　　　　　　　　　　）

レッスン3 風とゴムの力，音のふしぎ

このレッスンのはじめに♪

　風でまわる風車やゴムの力で動くおもちゃで遊んだことはあるかな。ここでは，風やゴムのどのような力が物を動かしているのかを調べてみましょう。

1 風のはたらき

くらしの中の風

毎日のくらしの中で，風の力を感じたり，風で動いたりするものを，いろいろさがしてみましょう。

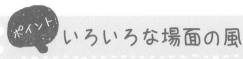
ポイント いろいろな場面の風

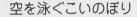
空を泳ぐこいのぼり

風りん

- こいのぼりが泳いでいるように動いたり，風りんがきれいな音を出したりできるのは，**風の力がはたらいている**からです。
- また，タンポポの綿毛（わたげ）も風の力を使って，遠くまで種（たね）を飛（と）ばします。

もっとくわしく 風のはたらきの利用

風を利用するものの一つに，風力発電があります。風力発電は，風を受けると風車が回り，その力で発電機を動かして電気をつくります。また，風の力で走る船（ほ船）は，数千年前から，人々に利用されてきました。

風力発電 風で走る船

風の強さと動かす力

風の強さのちがいによって，物の動き方がどのように変わるか，送風機とほがついた車を使って調べてみましょう。

強い風
ほ

送風機

弱い風

強い風の方
が遠くまで
進むね！

・強い風を当てると，車の動くきょりが長くなり，また動き方も速くなります。

・風が弱くなると，車の動くきょりは短くなり，また動き方もゆっくりになります。

もっとくわしく　「ほ（風を受ける部分）」のはたらき

・「ほ」をつけた車に風を当てると前に進みますが，風を受ける部分がないと，車はほとんど進みません。

チェック 1　次の問題に答えましょう。　　　　　　　　➡答えは別冊p.2へ

(1)　風の力を使って，電気をつくることを何とよびますか。（　　　　　　　　　　）

(2)　風を受ける役割をするのは，右の図の①〜③のどの部分ですか。

　　　　　　　　　　　　　　　　（　　　　　　）

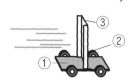

---

2 ゴムのはたらき

授業動画は
こちらから

ゴムの力

ゴムは，のばしたり，ねじったりすると，元の形にもどろうとする力があります。この元にもどろうとする力によって，物を動かすことができます。

ポイント ゴムで動くもの

ゴムのついたプロペラ飛行機（ひこうき）

ねじれたゴムが，元にもどろうとする力でプロペラが回る。

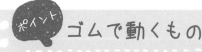
手をはなす。　ゴムをねじる。

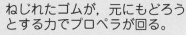

ゴムで作ったパチンコ

のばしたゴムが，元にもどろうとする力で玉がとぶ。

・ゴムの力を使って，飛行機を飛ばしたり，パチンコの玉を遠くまで飛ばしたりすることができます。

もっとくわしく　ゴムのはたらきの利用

・ゴムは，おされたら元の形にもどろうとする力もあります。この力を利用しているのが，自転車や車のタイヤです。ゴムの形が変わったり，元にもどったりするので，でこぼこの道路でもしん動がやわらげられて快適に進むことができます。

・わたしたちがはいている運動ぐつのうらにも走っている時のショックをやわらげるためにゴムが使われています。

車のタイヤ

運動ぐつの
うらのゴム

チェック **2**　次の問題に答えましょう。

答えは別冊p.2へ

自転車や車のタイヤには，どのような役割がありますか。

（しん動を，　　　　　　　　　　　　）

ゴムののばし方と動かす力

短くのばしたとき

10 cm 引く

長くのばしたとき

20 cm 引く

・**ゴムを短くのばすより，長くのばしたほうが，車は速く動き，遠くまで走ります。**

ゴムの本数と動かす力

ゴム1本のとき

ゴムを増やすと，
より遠くまで進
むんだね！

ゴム2本のとき

・**ゴムの本数を多くしたほうが，車は速く動き，遠くまで走ります。**

もっとくわしく　ゴムをまく回数のちがいと動かす力

・ゴムをたくさんまいたほうが，車は速く動き，遠くまで走ります。

③ 音のふしぎ

🎵 音の出方とつたわり方

がっきや身の回りの物の，音が出ているときの様子を調べましょう。

たたく。   おさえる。

・音が出ているとき，物はふるえています。

・手でおさえると**ふるえはなくなり，音は聞こえなくなります。**

音の大きさがかわると，物のふるえ方はかわります。

輪ゴム　弱くはじいたとき 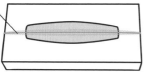　　　強くはじいたとき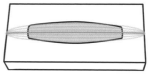

音が小さい → ふるえが小さい　　　音が大きい → ふるえが大きい

・音が**大きく**なるほど，物のふるえ方は大きくなります。

音はどのように伝わるのでしょうか。

トライアングルに糸をつないだとき

	たたく前	たたいた後
糸のふるえ方	ふるえない	ふるえる
音	聞こえない	聞こえる

トライアングルにはり金をつないだとき

はり金のふるえ方	ふるえない	ふるえる
音	聞こえない	聞こえる

おんげん
音源だけじゃなくて，
音を伝えているものも
ふるえているんだね。

・物が**ふるえる**ことで，音がつたわります。

チェック 3　音について，（　　　）にあてはまる言葉を書きましょう。　　👉答えは別冊p.2へ

(1) 音がつたわるのは，物が（　　　　　　　　）から。

(2) わゴムを強くはじくと，（　　　　　　　）音が出る。

(3) トライアングルを指でおさえると，音は（　　　　　　　　　　）。

レッスン3 の力だめし

授業動画は
こちらから 11

➡ 答えは別冊p.2へ

11

1 風やゴムのはたらきについて，（　　　　）にあてはまる言葉を入れましょう。

(1) 風やゴムには，物を動かす（　　　　　）があります。

(2) （　　　　　）風をあてたほうが，物を速く，（　　　　）まで動かすことができます。

(3) ゴムをのばしてはなすと，（　　　　　　　　　　　　）力で，物が動きます。

(4) ゴムは，（　　　　）引いたり，本数を（　　　　）したり，まく回数を
（　　　　）したりするほうが物を速く，遠くまで動かすことができます。

2 次の文は，風の力で動く物について書いています。正しい文には○を，正しくない文には×を入れましょう。

(1) 送風機を風車に近づけたり，遠ざけたりしても，風車が回る速さはどちらも同じです。　　　　（　　　　）

(2) 風で動く車は，「ほ（風を受ける部分）」が大きいほど，よく走ります。　　　　（　　　　）

3 ゴムの引く長さと，車の動く距離で合うものを線で結びましょう。

(ア) ● ● 動かない

(イ) ● ● 短い距離

(ウ) ● ● 長い距離

4 右図の㋐の部分の糸を指でつまんだ時，糸電話がよく聞こえるのはだれでしょう。
（　　　　　）

Aさん　Bさん

Cさん

㋐

太陽の光とかげ ［3年］

このレッスンのはじめに♪

　晴れている日に，外に出ると地面にはいろいろなかげができていますね。かげは
どんなところにできるのでしょうか。また，かげはわたしたちが動くといっしょに
動きますね。では，止まっているもののかげは動いたりするのでしょうか。かげの
動きを調べてみましょう。

1 太陽の光とかげ

授業動画は
こちらから

かげのでき方と太陽

晴れた日に，外で遊んでいると地面にかげができていますね。

かげができるには，どのような決まりがあるのかを調べてみましょう。

かげふみ
って楽し
いよね

かげは，太陽の光（日光）が人や物に当たって，さえぎられた時にできます。かげは，どれも同じ向き，つまり太陽の反対側（がわ）にできます。

また，くもっている時や雨がふっている時は，太陽の光が雲にさえぎられているので，かげができません。

かげの向きと太陽の位置（いち）

時間を変（か）えて，ぼうのかげができるところに印（しるし）をつけてみましょう。また，印をつけたところから太陽の見える方向を調べましょう。

午前9時

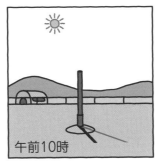

午前10時

注意…目をいためるので，太陽を見る時は必ず遮光（しゃこう）板（ばん）を使いましょう。

かげの向きは，時間がたつと変わっていきます。

かげの向きが変わるのは，太陽が時間とともに動いているからです。

チェック 1 次の問題に答えましょう。

答えは別冊p.3へ

(1) くもっている時や，雨がふっている時にかげができないのはなぜですか？

（　　　　　　　　　　　　　　　　　　　がさえぎられているから）

(2) かげの向きが時間とともに変わるのはなぜですか。

（　　　　　　　　　　　が動いているから）

🔆 一日の太陽の動き方

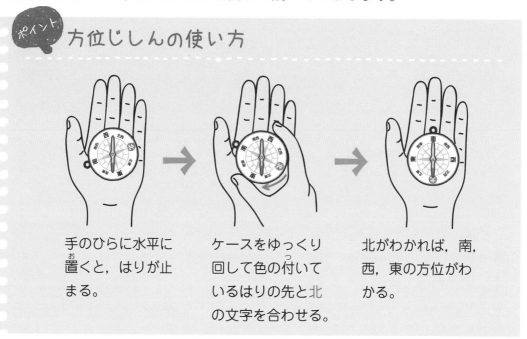

　時間がたつごとに太陽が動くことが，わかりました。では，一日で太陽がどんな動き方をするのか，方位じしんを使って調べてみましょう。

ポイント　方位じしんの使い方

| 手のひらに水平に置くと，はりが止まる。 | ケースをゆっくり回して色の付いているはりの先と北の文字を合わせる。 | 北がわかれば，南，西，東の方位がわかる。 |

・方位じしんの用意ができたら，地面に東西・南北の線を引いて，ぼうを立てておきます。

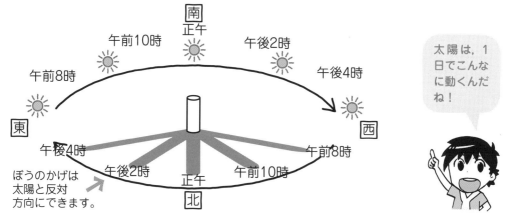

太陽は，1日でこんなに動くんだね！

太陽は東の方向の地平線からのぼり，南の方向の空を通って，西の方向の地平線にしずんでいきます。

　かげは，太陽の反対側に見えるので，西の方向から北の方向を通って，東の方向へ動きます。

もっとくわしく　日時計

・昔の人は，太陽が動くとかげの向きが変わることを利用して，時こくを知るための「日時計」を作りました。

・日時計は，物のかげや人のかげを利用したりします。

2 日なたと日かげの地面

👥 日なたと日かげ

太陽が出ている時，かげができることがわかりました。では，日なたと日かげで地面の明るさや，あたたかさ，しめり具合のちがいを比べてみましょう。

日なたは明るくて，あたたかく，地面の土はかわいています。

日かげは暗くて，冷たく，地面の土は少ししめった感じがします。

日なたはポカ
ポカしてあた
たかいね

👥 地面の温度

日なたの地面はあたたかく，日かげの地面は冷たく感じましたが，どれくらい温度がちがうのでしょうか。温度計を使って調べてみましょう。

地面の温度のはかり方

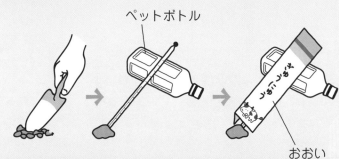

ペットボトル

おおい

地面を
少し
ほる。

ほったあなに温度計の液だめを入れて，土をかぶせる。

太陽の光を温度計に直接当てないように，おおいをかぶせる。

温度計を地面に直接差しこんだり，温度計で土をほったりしてはだめよ。温度計がこわれてしまうわ。

温度計の使い方

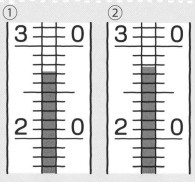

液の先が，目もりと目もりの真ん中にきた時は，上の方の目もりを読むんだよ！

赤色の液（えき）の先が動かなくなってから，**液の先と目の高さを合わせ，真横から目もりを読みます。**

目もりは，**液の先に近いほうを読みます。**

①は27度と読んで，27℃と書き，②は28度と読んで，28℃と書きます。

♣時間による日なたと日かげの温度のちがい

日なたと日かげの温度を，時間を変（か）えて，はかってみましょう。

午前9時　　　　　　　　　　午後1時

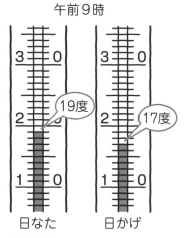

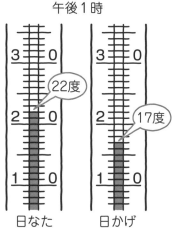

19度

17度

22度

17度

日なた　　　日かげ　　　　日なた　　　日かげ

同じ日なたでも，時間によって温度が変わるんだね！

日なたの地面の温度は，日かげの地面の温度より高くなります。

日なたの地面は，温度が19度から22度に変わり，温度の変わり方が大きいです。これは，日なたの地面が太陽の光であたためられているからです。

- -

チェック 2　　次の問題に答えましょう。　　　　　　　▶答えは別冊p.3へ

（1）　午前9時と午後1時では，日なたの地面の温度はどちらの方が高くなりますか。

（　　　　　　　　　　）

（2）　温度計の液（えき）の先が，目もりと目もりの真ん中にきたとき，上と下どちらの目もりを読みますか。

（　　　　　　　　　　）

レッスン 4 の力だめし

授業動画は こちらから 15

答えは別冊p.3へ

1 太陽の光とかげについて，（　　　　　　）にあてはまる言葉を入れましょう。

(1) かげは，太陽の光が物や人に当たり，光が（　　　　　　　　　）
時にできます。

(2) かげは，どれも（　　　　　　）向きにでき，太陽はかげの（　　　　　）
に見えます。

(3) かげの向きは，（　　　　　　　）がたつと，変わります。

(4) 太陽は（　　　　　）の方向の地平線からのぼり，（　　　　　）の方向
の空を通って，（　　　　　　　）の方向の地平線へしずみます。

2 右の図を見て，下の問題に答えましょう。

(1) この道具の名前は，何ですか。また，何を知るため
の道具ですか。

（名前：　　　　　　　　　　　　　）

（　　　　　　　　　　　を知るための道具）

(2) この道具の色のついている針の先は，どの文字に合
わせますか。　　　　　　（　　　　　　　　　）

3 日なたと日かげについて調べました。下の表の空らんにあてはまる言葉を
入れましょう。

	明るさ	あたたかさ	しめりぐあい
日なた	(1)	(2)	かわいている
日かげ	(3)	冷(つめ)たい	(4)

4 下の温度計の目もりを読んで，温度を（　　　　　　）に書きましょう。

(1) 　3　0

　2　0

（　　　　　　　　）

(2) 　3　0

　2　0

（　　　　　　　　）

レッスン5 光のはたらき ［3年］

このレッスンのはじめに♪

太陽の光で日なたや日かげができることがわかりましたね。では，太陽の光はどのように進んで地面を明るくしているのでしょうか。光を集めて，はたらきや性質を調べましょう。

① 光のはたらき

💠光の進み方

太陽の光で，日なたや日かげができることがわかりました。では，太陽の光が
どのような進み方をするのか調べてみましょう。

目をいためるから，
はね返した光を人
の顔に当ててはい
けません！！

・地面に鏡を置いて，光をはね返した地面を見てみると，光の道すじがわかり，
光がまっすぐに進んでいることがわかります。

・このように，太陽の光が鏡などに当たってはね返ることを，反射といいます。

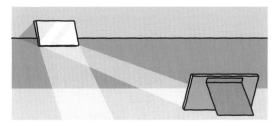

キラーン

鏡のように表面が平ら
なものだけでなく池の
水や積もった雪も光を
反射するよ

・また，はね返した光をもう一度鏡に当てて，はね返すこともできます。

もっとくわしく かげ絵

・かげは，光をさえぎる物と同じような形をし，同じような動きをします。
これは，光がまっすぐに進んでいるからです。その性質を利用しているのが，
かげ絵です。
・かげ絵は，多くの国々で昔から親しまれている遊びです。

チェック1 次の問題に答えましょう。　　　　　　　　　　👉**答えは別冊p.3へ**

(1) 太陽の光が鏡などに当たってはね返ることを何といいますか。

（　　　　　　　　　）

(2) 太陽の光や，(1)のようにはね返った光はどのように進みますか。

（　　　　　　進む）

(3) (2)のような光の性質を利用している遊びに何がありますか。

（　　　　　　　　　）

♣光の明るさやあたたかさ

　鏡を使ってはね返した太陽の光を，日かげのかべに当ててみて，明るさやあたたかさのちがいを比べてみましょう。

・日かげのかべは暗くて冷たいですが，鏡を使って太陽の光を当てたところは，光を当てていないところよりも明るくなりました。

・また，光を当てたところは，光が当たっていないところよりもあたたかくなりました。

・このように，はね返した太陽の光でも，明るくすることができ，物をあたためることができるということがわかります。

♣光を重ねた時の明るさやあたたかさ

　鏡を使ってはね返した光を，日かげのかべに当てると光を当てていないところよりも明るくあたたかくなりました。では，鏡の数を増やして光をたくさん集めるとどのようになるか調べてみましょう。

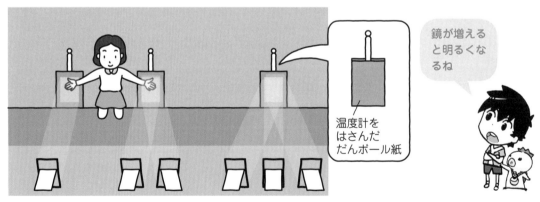

温度計を
はさんだ
だんボール紙

鏡が増える
と明るくな
るね

・鏡の数を増やしてはね返した光を重ねると，光が当たっているところはだんだん明るくなっていきます。

・また，温度計ではかった温度を比べてみると，鏡の数を増やしたほうが温度はより高くなります。

・このように，はね返した光を集めるほど明るさが強くなり，あたたかさも増していきます。

🔅光で水をあたためる

　光が当たっているところは，光が当たっていないところと比べると，あたたかくなるということがわかりました。

　では，光があたると，かべや地面以外のものもあたためるのか，調べてみましょう。

① 水の温度をはかっておいてから，日の当たる場所と，日の当たらない場所の両方にペットボトルを置いておく。

② しばらくしてから，温度をはかってみる。

日なたに置いた水と日かげに置いた水

・日なたに置いたペットボトルの水は，日かげに置いたペットボトルの水よりもあたたかくなることがわかりました。

・このように，太陽の光で，水をあたためることができるということがわかります。

もっとくわしく　色のちがいとあたたまり方

　右の図のように，黒い紙をまいたコップに入った水と，白い紙をまいたコップに入った水とでは，黒い色の紙をまいたコップの水の方が温度は高くなります。

　これは，黒い色は，太陽の光をすいとりやすくあたたまりやすい性質があるからです。反対に，白い色は，太陽の光をはね返しやすくあたたまりにくい性質があります。

黒い紙　　　　白い紙

　色とあたたまり方のちがいを利用しているのが，洋服です。夏の服は，太陽の光をはね返しやすい白っぽい色でつくられていて，冬の服は太陽の光をすいとりやすい黒っぽい色でつくられていることが多いのです。

チェック 2　次の問題に答えましょう。　　　　　　　　📩**答えは別冊p.3へ**

　水の温度が低い順に，ア〜エを並べましょう。

　ア：ペットボトルに入れて，日なたに置いた水

　イ：白い紙を貼ったペットボトルに入れて，日なたに置いた水

　ウ：黒い紙を貼ったペットボトルに入れて，日なたに置いた水

　エ：ペットボトルに入れて，日かげに置いた水

　　　　　　　　　低い（　　　　→　　　　→　　　　→　　　　）高い

2 光を集める

❀虫めがねを使って光を集めたときの明るさとあたたかさ

植物やこん虫を観察したりする時に使った,「虫めがね」を使っても太陽の光を集めることができます。

鏡と同じように,集めた光は明るくあたたかくなるのか調べてみましょう。

虫めがねを使った光の集め方

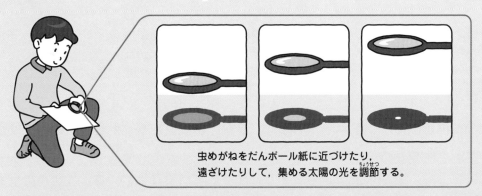

虫めがねをだんボール紙に近づけたり,
遠ざけたりして,集める太陽の光を調節する。

太陽の光がよく当たるように,少しななめにだんボール紙を持って,虫めがねが紙の前にくるようにする。

虫めがねで太陽の光を見たり,集めた光を,人の体や生き物に当ててはいけません

- 虫めがねが,だんボール紙の近くにある時は,集めた光の部分は大きく,明るいです。

- 虫めがねを,だんボール紙から遠ざけていくと,集めた光の部分はどんどん小さくなりますが,明るさはより明るくなります。

- 虫めがねを遠ざけて,集める光を小さくしたままにしておくと,けむりが出てだんボール紙がこげてしまいます。

もっとくわしく 太陽の光の利用

わたしたちが食べる食品も,太陽の光を利用して作られているものがあります。魚のひ物や,梅ぼしは,生の魚や,梅の実を太陽の光でほすことで,できあがります。

また,せんたくものやふとんを外にほすのは,太陽の光を使ってせんたくものをかわかしたり,ふとんを殺きんしたりするためです。

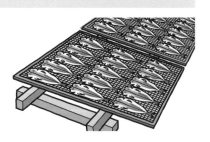

レッ_ス5ン の力だめし

答えは別冊p.4へ

1 光のはたらきについて，（　　　　）にあてはまる言葉を入れましょう。

19

(1) 鏡を地面に置いて，（　　　　　）をはね返すと，（　　　　　）に進みます。

(2) はね返した（　　　　　）は，べつの鏡にはね返すこともできます。

(3) 鏡の数を増やして，はね返した光をたくさん重ねると，光が当たっているところは，より（　　　　　　），より（　　　　　　）なります。

(4) 虫めがねを紙から（　　　　　　）と，集めた光は小さくなっていきます。

2 光を鏡で反射させた右の図を見て，下の問題に答えましょう。

(1) ア〜エの中で，一番あたたかいところはどこですか。（　　　　　）

(2) イの部分は，何まいの鏡ではね返した光が重なっていますか。（　　　　　）

(3) ア〜エの中で，一番明るいところはどこですか。

（　　　　　）

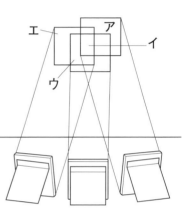

3 右の図のように，一つのペットボトルに黒い色をぬり，もう一つのペットボトルはそのままにして同じ量の水を入れて，太陽の光に当てました。

ア　　　　　イ

(1) アとイで，ペットボトルの中の水がよくあたたまるのは，どちらですか。（　　　　　）

(2) (1)の答えになる理由は何ですか。
（　　　　　　　　　　　　　　　　）

4 虫めがねを使って，太陽の光を集めて，紙に当てました。

(1) 光を集めたところが一番明るいのはア〜ウのどれですか。

（　　　　）

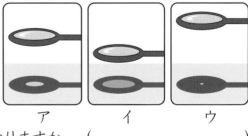
ア　　　　　イ　　　　　ウ

(2) (1)のままにしておくと，紙はどうなりますか。（　　　　　　　　　　　）

もの の 重さ ［3年］

このレッスンのはじめに♪

　えんぴつや消しゴムのような軽いものから，教科書を入れたランドセルのように重いものなど，私たちが使っているものには重さがあります。はかりを使って，いろいろなものの重さをはかったり比べたりしましょう。

1 ものの重さ

👥重さをはかろう

わたしたちのまわりには，いろいろなものがあります。
そのいろいろなものには重さがあります。

見たり，持ったりするだけではどれくらいの重さがある
かわかりにくいですね。そんな時にははかりや，てんびん
を使うと重さを調べることができます。

いろいろな道具を使って，ものの重さを調べてみましょう。

はかり

 はかりの使い方

はかるものは，
そっとのせよう

❶はかりは平らな所に置く。

❷はじめに，はりが「0」を指しているか確かめる。

❸はかりたいものをお皿の真ん中に静かにのせる。

（重すぎるものはのせないように！）

❹目もりは真正面から読む。

❺はりが目もりと目もりの間にある時は，近いほうの
　目もりを読む。

はかり

・はかりを使うと，ものの重さをはかることができます。

・また，ものの重さを数字で知ることができます。

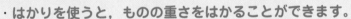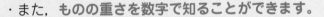

 てんびんの使い方

❶てんびんの左右が，つり合ってい
　るか確かめる。

❷それぞれの入れものに重さを調べ
　たいものを静かにのせる。

❸てんびんのかたむきを，確にんする。

・てんびんを使うと，ものの重さを
　比べることができます。

・入れたものの重さが同じ時は，てんびんはつり合った
　ままです。

・入れたものの重さがちがう時，重いほうにてんびんは
　かたむきます。

入れものをつり下げ
た時どちらかにかた
むいたら，紙などを
つけて調節してね！

チェック 1 次の問題に答えましょう。 　　　　　　　　🐟**答えは別冊p.4へ**

（1） はかりを使うと，ものの重さを何で知ることができますか。　　　（　　　　　　）

（2） はかりの使い方について，正しいものには○をあやまっているものには×を書きましょう。

（ア）はかりは，平らなところに置く。　　　　　　　　　　　　　　（　　　　　）

（イ）はかりたいものはお皿の真ん中に投げて置く。　　　　　　　（　　　　　）

（ウ）目もりは真横から読む。　　　　　　　　　　　　　　　　　（　　　　　）

🔵 ものの形と重さ

ものの重さは，てんびんやはかりを使って比べたり，調べたりすることができました。では，ものの形を変えると重さも変わるのでしょうか。

形を変えると，重さも変わるのか，ねん土や，アルミニウムはくなど形を変えることができるものを使って，調べてみましょう。

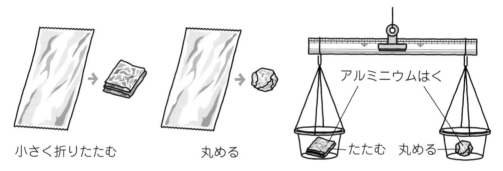

小さく折りたたむ　　　　　丸める

・小さく折りたたんだアルミニウムはくと，丸めたアルミニウムはくをてんびんにのせると，てんびんはつり合います。

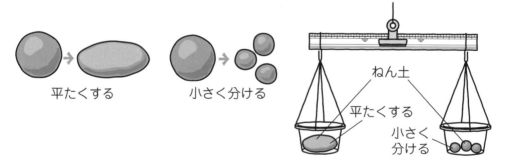

平たくする　　　　　小さく分ける

・平たくしたねん土と，小さく分けたねん土をてんびんにのせると，てんびんはつり合います。

・このことから，ものは形を変えても重さは変わらないということがわかります。

もっとくわしく 重さの単位

・重さは，グラムやキログラムという単位で表され，「g」や「kg」と書きます。

・わたしたちの体重は，キログラムで表され，大人で約60kgぐらいです。

・1gの重さは，ちょうど一円玉1この重さです。

🔵 ものの種類と重さ

　わたしたちのまわりには，いろいろなものがあり，それぞれ重さがありましたね。また，形を変えても重さは変わらないということがわかりました。

　では，大きさや形が同じものどうしで（同じ体積どうしで），種類のちがうものの重さをはかると，同じ重さになるのか調べてみましょう。

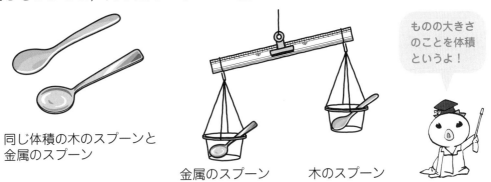

同じ体積の木のスプーンと
金属のスプーン

金属のスプーン　　木のスプーン

ものの大きさ
のことを体積
というよ！

・同じ体積の金ぞくのスプーンと木のスプーンでは，金ぞくのスプーンの方が重たいです。

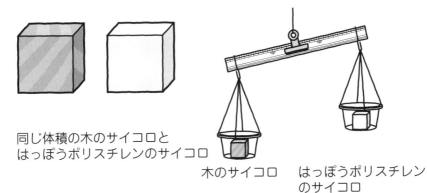

同じ体積の木のサイコロと
はっぽうポリスチレンのサイコロ

木のサイコロ　　はっぽうポリスチレン
のサイコロ

・同じ体積の木のサイコロとはっぽうポリスチレンのサイコロでは，木のサイコロの方が重たいです。

・このことから，同じ形，同じ大きさのものでも，ものの種類がちがうと重さはちがいます。

- -

チェック2　次の問題に答えましょう。　　　　　　　　　　　➡️答えは別冊p.4へ

　(1)　2つのものの重さを比べるときに使う道具は何ですか。　　　（　　　　　　　）

　(2)　ものの重さについて，正しいものには○を，あやまっているものには×を書きましょう。

　　(ア) 形が変わるとものの重さも変わる。　　　　　　　　　　　　（　　　　　　　）

　　(イ) ものの種類によって重さはちがう。　　　　　　　　　　　　（　　　　　　　）

2 重さ比べ

授業動画は
こちらから

🔵 同じ大きさのものの重さ比べ

ものは種類によって重さがちがうことがわかりました。では，下のようにいろ
いろなものを用意して，重さ比べをしてみましょう。

どれが一番
重いかな？

木の玉　　プラスチックの玉　　鉄の玉　　ガラスの玉

・それぞれ，はかりを使って重さを
はかると，右の表のようになりま
した。

		重さ
	木 の 玉	13 g
	プラスチックの玉	22 g
	鉄 の 玉	150 g
	ガラスの玉	61 g

・はかりで重さをはかると，数字でものの重さを知ることができるので，4種類
の中で一番重い玉は，鉄の玉だということがわかります。

結果　　**重い**　　鉄の玉→ガラスの玉→プラスチックの玉→木の玉　　**軽い**

・塩やさとうなど，つぶ状のものでも同じ入れ物に入れて，すりきりをすれば，は
かりではかることができます。

塩　　　　　　さとう　　　　　　すな

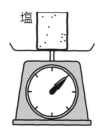  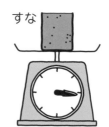

すりきりとは，上
の部分をこすって
平らにすることね

結果　　**重い**　　すな→塩→さとう　　**軽い**

もっとくわしく　　はかりの種類

はかりには，いろいろな種類があり，はかりたいものによって使
い分けることができます。わたしたちの体重をはかるときは「体重
計」を，理科の実験などでくわしく重さをはかりたいときには「電
子てんびん」を使ったりします。

体重計

電子てんびん

レッスン6 の力だめし

授業動画は
こちらから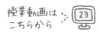

答えは別冊p.4へ

1 ものの重さについて，（　　　　　　　）にあてはまる言葉を入れましょう。

(1) てんびんは，2つのものの重さを（　　　　　　　）ことができる。

(2) てんびんのぼうがかたむかない時，それぞれのものの重さは（　　　）です。

(3) 重さの単位（たんい）である「g」は（　　　　　　）と読む。

(4) 同じ体積（たいせき）のねん土を平たくしても，小さく分けても重さは（　　　　　）。

2 同じ丸い形をした，同じ重さのねん土の玉の1つをちがう形にして，もう一度てんびんにのせました。正しい結果（けっか）の図には○を，あやまっている結果の図には×を入れましょう。

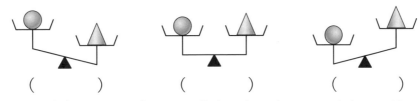

（　　　　）　　　　　（　　　　）　　　　　（　　　　）

3 次の文のうち，正しいものには○を，あやまっているものには×を入れましょう。

(1) はかりを使う時，はりの位置（いち）が「0」になっているか，確（かく）にんする。

（　　　　）

(2) てんびんでものの重さをはかると，数字で重さを知ることができる。

（　　　　）

(3) 同じ体積でも，ものの種類がちがうと，重さはちがう。

（　　　　）

4 同じ重さのアルミニウムはくを，ア，イ，ウ，エのような形にして，はかりで重さをはかりました。正しい結果の番号を選（えら）びましょう。

ア 細かく分ける　　　イ 丸める　　　ウ そのまま　　　エ 小さく折（お）りたたむ

(1) アが一番軽い。

(2) ア，イ，ウ，エの重さは同じ。

(3) イが一番重い。

（　　　　）

あかりをつけよう ［3年］

レッスン **7**

このレッスンのはじめに♪

　家の電気や教室の電気をつけると明るくなりますね。では，あかりはどんなふう
に明るく光るのでしょうか。豆電球を使って実際にあかりをつけてみましょう。

1 あかりをつけよう

授業動画は
こちらから

豆電球にあかりをつける

　わたしたちの生活の中で電球は，部屋の中や街中を明るく照らしたりと，いろいろなところで使われていますね。では，どのようにして電球にあかりをつけているのでしょうか。右のような道具を使ってあかりをつけてみましょう。

かん電池

導線つき
ソケット

豆電球

＜あかりがつくつなぎ方＞

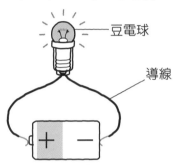

豆電球

導線

・かん電池の＋極と－極に導線をつなぐと，豆電球のあかりがつきます。

・また，＋極と－極をひっくり返しても，豆電球のあかりはつきます。

＜あかりがつかないつなぎ方＞

いろんなつなぎ方をためしてみよう！

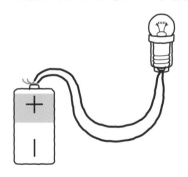

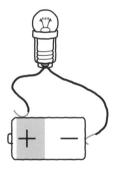

・同じ極どうしや，かん電池の極以外のところに導線をつないでも，豆電球のあかりはつきません。

チェック 1　次の問題に答えましょう。　　　　　　　　　　　答えは別冊p.5へ

（1）　かん電池には，何極と何極がありますか。

（　　　　極と　　　　極）

（2）　かん電池を使って豆電球にあかりをつけるとき，かん電池の極を何でつなげますか。

（　　　　　　　　　　　）

📘電気の通り道

かん電池につないだ豆電球にあかりがついた時，「かん電池の＋極→導線→豆電球→導線→かん電池の－極」と輪のようにつながっています。この時，かん電池から電気が導線を伝わって流れ，豆電球にあかりがつきます。

このように，輪になっている電気の通り道を，回路といいます。

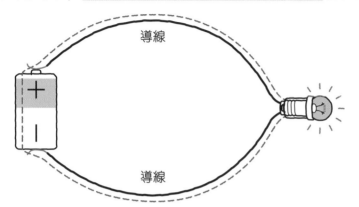

導線

導線

本当に，輪っかみたいだね！

もっとくわしく　あかりがつかない時は？
きちんと回路ができているのに，あかりがつかない時は，豆電球がゆるんでいたり，フィラメントが切れている可能性があります。また，回路が輪のようにつながっているか，もう一度確にんしてみましょう。

フィラメント
（明るく光るところ）

切れている

📘ソケットを使わないであかりをつけよう

導線つきソケットとかん電池を使って，豆電球にあかりをつけることができました。では，ソケットを使わないで，豆電球にあかりをつけることができるのか調べてみましょう。

導線のはしを長くして，豆電球の金属の部分にまきつければいいんだね！

ソケットがなくても，回路（電気の通り道）ができていれば，電気が流れ，豆電球にあかりをつけることができます。

かん電池があつくなってきたら，導線を電池からはなしてね！

② 電気を通すもの，通さないもの

授業動画は
こちらから

🔵電気を通すもの

　かん電池と導線を使って，豆電球にあかりを
つけることができましたね。では，導線の間に
ものをつないだとき，どのようなものが電気を
通して，どのようなものが電気を通さないのか，
いろいろ調べてみましょう。

①と②の間にいろ
いろなものをつないで
みようね！

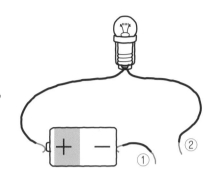

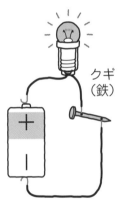
クギ
（鉄）

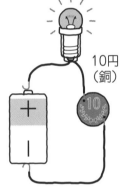
10円
（銅）

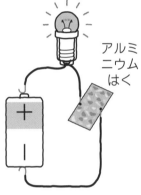
アルミ
ニウム
はく

コンセントの中に
導線を差しこんだ
りしてはいけませ
ん。

　**クギや，10円玉，クリップや，アルミニウムはくなどは，す
べて鉄，銅，アルミニウムなどの金属でできています。**

　金属は，電気を通す性質があるので，導線の間につないでも電
気が通り，豆電球にあかりをつけることができます。

もっとくわしく　今と昔のあかりを比べてみよう

　わたしたちが使っている部屋のあかりは，電球に電気が流れて明る
く光っていますね。では，電球が発明される前は，どのようなあかり
が使われていたか知っていますか。

　はるか大昔は，「木などを燃やした火」そのものがあかりでした。
そして，「ろうそく」や「油」に火をともしたりし，「ガス」を燃やし
た火を使うようになりました。その後電球へ電気を流すようになりま
した。

　日本で電気のあかりが使われるようになったのは，1882年（明治
15年）に東京の銀座にともされた電灯がはじまりです。

　初めての電灯に連日多くの人々が見物におとずれました。

❀❀ 電気を通さないもの

　金属でできているものは，電気を通すということがわかりましたね。では，金属の他にも電気を通すことができるものがあるのか，身のまわりのもので調べてみましょう。

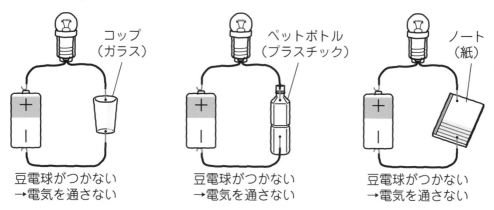

　　　コップ　　　　　　　　　　ペットボトル　　　　　　　　ノート
　　　（ガラス）　　　　　　　　（プラスチック）　　　　　　（紙）

豆電球がつかない　　　　　　豆電球がつかない　　　　　　豆電球がつかない
→電気を通さない　　　　　　→電気を通さない　　　　　　→電気を通さない

　ガラスでできているコップや，プラスチックでできているペットボトル，紙でできているノートなどは，電気を通す性質がありません。だから，導線の間につなげても，豆電球のあかりをつけることはできません。

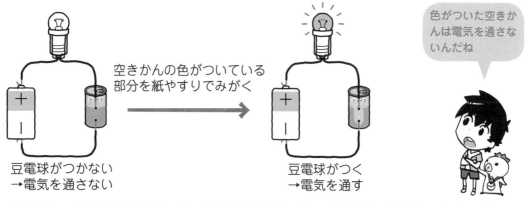

空きかんの色がついている
部分を紙やすりでみがく

豆電球がつかない　　　　　　　　　　　豆電球がつく
→電気を通さない　　　　　　　　　　　→電気を通す

色がついた空きか
んは電気を通さな
いんだね

　アルミニウムや鉄でできている空きかんは，そのままだと豆電球のあかりをつけることができませんが，紙やすりでみがいた部分に導線をつなぐとあかりをつけることができます。

　空きかんの色のついている部分は，金属ではないので電気を通すことができません。しかし，紙やすりでみがくことによって，色の部分がけずられて金属が出てくるので，導線をつなぐと，豆電球にあかりをつけることができます。

- -

チェック 2　　次の問題に答えましょう。　　　　　　　➡答えは別冊p.5へ

（1）　豆電球の明るく光るところを何とよびますか。　　　　（　　　　　　　　　　）
（2）　金属にはどのような性質がありますか。

　　　　　　　　　　　　　　　　　　　　　　　（　　　　　　　を通す性質）

- -

レッスン 7 の力だめし

授業動画は
こちらから

➡ 答えは別冊p.5へ

1 あかりについて,（　　　　　）にあてはまる言葉を入れましょう。

(1) かん電池の（　　　　　）→導線→豆電球→導線→かん電池の－極と
輪のようにつながった時,（　　　　　）が流れて豆電球にあかりがつきます。

(2) (1)のようにつないでできた電気の通り道を,（　　　　　）といいます。

(3) 導線を（　　　　　）極どうしにつないだり, 極以外のところにつないでも, あかりはつきません。

(4) 鉄や銅, アルミニウムなど（　　　　　）でできているものは, 電気を通します。

(5) ガラスやプラスチック, 紙などでできているものは, 電気を（　　　　　）。

2 豆電球にあかりをつけようと, ア, イ, ウのようにつなぎました。あかりがつくものには○を, つかないものには×をつけましょう。

ア（　　　）　　　　　イ（　　　）　　　　　ウ（　　　）

鉄
木
カナヅチ

アルミニウムはく

3 つぎの中から電気を通すものには○を, 電気を通さないものには×をつけましょう。

くぎ（鉄）　　わりばし（木）　　消しゴム　　ガラスのコップ

(1)(　　　)　　(2)(　　　)　　(3)(　　　)　　(4)(　　　)

10円玉（銅）　　じょうぎ（プラスチック）　　アルミニウムはく

(5)(　　　)　　(6)(　　　)　　(7)(　　　)

じしゃくのふしぎ ［3年］

このレッスンのはじめに♪

　わたしたちが使っているランドセルのとめ具に，じしゃくが使われているのは知っていますか。じしゃくはわたしたちのまわりでたくさん使われています。じしゃくにはどんな性質があるのかいろいろなものをじしゃくにつけて調べてみましょう。

1 じしゃくの性質（せいしつ）

授業動画は こちらから

じしゃくにつくもの，つかないもの

わたしたちの身のまわりには，じしゃくを使ったものがたくさんありますね。では，じしゃくにはどのような性質があるのでしょうか。

じしゃくに引きつけられるものと引きつけられないものを調べて，じしゃくの性質を調べてみましょう。

＜引きつけられたもの＞

空きかん（鉄）　　　くぎ（鉄）　　　クリップ（鉄）　　はさみの切るところ（鉄）

・鉄でできているものは，じしゃくに引きつけられます。

・右の図のように，鉄がプラスチックで包（つつ）まれていたり，じしゃくから少しはなれていたりしても，じしゃくは鉄を引きつけます。

じしゃくの力はすごいのね！

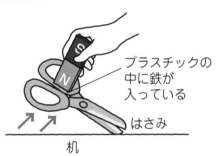
プラスチックの中に鉄が入っている
はさみ
机

＜じしゃくに引きつけられないもの＞

消（け）しゴム　　じょうぎ（プラスチック）　　10円玉（銅（どう））　　アルミニウムはく

・10円玉やアルミニウムはくなど，金ぞくでできているものでも，じしゃくに引きつけられません。

・銅（どう）やアルミニウムは，電気は通しますがじしゃくには引きつけられません。

もっとくわしく　さ鉄を集めよう

わたしたちが日ごろ遊んでいるすな場や学校の運動場などにも鉄がかくれています。じしゃくをすなの中に入れると，じしゃくの先に黒い粉（こな）がつきます。これが，「さ鉄」です。さ鉄とはおもに，「磁鉄鉱（じてっこう）」とよばれるかたい石のようなものからできています。この磁鉄鉱という石が長い長い時間をかけて細かくくだかれて，さ鉄になります。

2 じしゃくの極

　じしゃくの鉄を引きつける力は，はしになるほど強くなっていきます。この性質はじしゃくがどんな形や大きさであっても同じです。

　このように，鉄を引きつける力が一番強いはしのほうを，じしゃくの「極」といいます。それぞれを，「N極」，「S極」といいます。

じしゃくの極の性質

　じしゃくの極は，鉄を引きつける力が強いという性質の他に，どのような性質があるのでしょうか。2つのじしゃくの同じ極どうしを近づけたり，ちがう極どうしを近づけたりして調べてみましょう。

<同じ極どうしを近づけると…>　　　<ちがう極どうしを近づけると…>

指をじしゃくに，はさまないようにね！

・同じ極どうしを近づけると，じしゃくはしりぞけ合い，はなれます。
・ちがう極どうしを近づけると，じしゃくは引き合い，くっつきます。

じしゃくを2つにしてみよう

　長いじしゃくを2つに折ると，それぞれ折ったはしにも極ができます。右の図のように，S極のあったほうの反対のはしにはN極が，N極のあったほうの反対のはしにはS極ができます。

　じしゃくはどれだけ小さくなっても，必ずN極とS極があります。

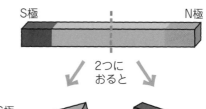
2つに
おると

チェック1　次の問題に答えましょう。　　　　　　答えは別冊p.5へ

（1）　じしゃくは何という金ぞくを引きつけますか。　　　　（　　　　　）
（2）　2つのじしゃくの同じ極どうしを近づけると，じしゃくはどうなりますか。
　　　　　　　　　　　　　　　　　　　　　　　　　（　　　　　）

🔵じしゃくが止まる向き

じしゃくを水にうかべたり，ひもなどでつるしたりして自由に動けるようにして，じしゃくの動きが止まったときの２つの極の向きを調べてみましょう。

＜空中につるしたじしゃく＞

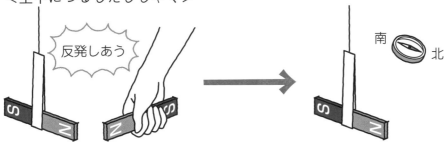

反発しあう

南　北

つるしたじしゃくに他のじしゃくを近づけて，動かします。

他のじしゃくをはなすと動きが止まり，N極は北の方向を，S極は南の方向をさす。

＜水にうかべたじしゃく＞

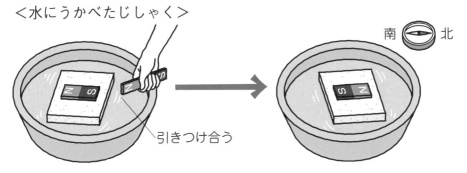

引きつけ合う

南　北

水にうかべたじしゃくに他のじしゃくを近づけて，動かします。

他のじしゃくをはなすと動きが止まり，N極は北の方向を，S極は南の方向をさす。

動いていたじしゃくが止まった時，必ず**N極は北の方向をさし，S極は南の方向をさして止まります。**
この性質（せいしつ）を利用したものが，太陽の動きを調べる時に使った「方位（ほうい）じしん」です。

もっとくわしく

じしゃくの「N」極（きょく）と「S」極
じしゃくに書かれた「N」や「S」という文字は，それぞれ「北」と「南」を表（あらわ）す英（えい）語の頭文字です。
「北」は「North：ノース」，「南」は「South：サウス」といいます。
ちなみに，「東」は「East：イースト」，「西」は「West：ウェスト」といいます。

頭文字って，最初の文字の事よ！

S極　N極

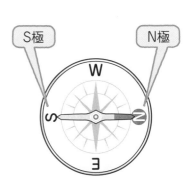

③ じしゃくと鉄

鉄がじしゃくの性質をもつ

じしゃくは鉄を引きつけますが，引きつけられたあとの鉄はどうなっているのでしょうか。鉄くぎを使って，調べてみましょう。

じしゃくに鉄くぎを
つける。

鉄くぎをじしゃくから
静かにはなす。

鉄くぎにさ鉄を
近づける。

・じしゃくにつけた鉄くぎをじしゃくからはなしても，下の鉄くぎは落ちません。

・じしゃくからはなした鉄くぎにさ鉄を近づけると，くぎの先にさ鉄がつきます。

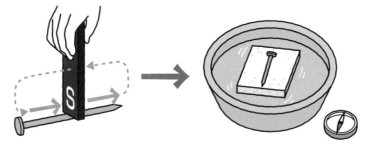

矢印のように同じ向きにじしゃくを
動かして，鉄くぎをこする。

くぎを水にうかべて方位じしんで
方向を確かめる。

・じしゃくでこすった鉄くぎを水にうかべると，南北をさして止まります。

・鉄をじしゃくにつけたり，同じ向きにこするとその鉄はじしゃくと同じ性質をもちます。

もっとくわしく　地球も大きなじしゃく
方位じしんは地球上のどこにおいても，N極は北を，S極は南をさして止まります。これは，地球が大きなじしゃくとなっているからです。地球の北は，N極と引き合うS極に，地球の南は，S極と引き合うN極になっています。地球がじしゃくになっているおかげでわたしたちは，地球上のどこにいても方角を知ることができます。昔の人々も大海原をわたる時，方位じしんを使って方向を知り航海をしていました。

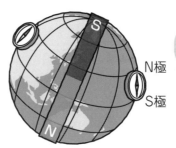

N極
S極

地球もじしゃくだ
なんて，すごいね！

チェック 2　次の問題に答えましょう。　　　　　→答えは別冊p.5へ

方位じしんのN極は北の方向をさします。そのことから地球の北は何極になりますか。

（　　　　　　極）

レッスン 8 の力だめし

授業動画は
こちらから

👉 答えは別冊p.6へ

1 じしゃくについて，（　　　　　　）にあてはまる言葉を入れましょう。

(1) じしゃくは少しはなれていても，（　　　　　　）を引きつけます。

(2) 銅や，アルミニウムはくなどの金ぞくは，じしゃくに（　　　　　　　）。

(3) じしゃくの両はしは，鉄を引きつける力が一番（　　　　），それぞれを
（　　　）極，（　　　）極といいます。

2 下の図のように，２つのじしゃくを近づけました。引き合うじしゃくには，
→←を，しりぞけ合うじしゃくには，←→を入れましょう。

(1) N S　N S
（　　　　　）

(2) S N　N S
（　　　　　）

(3) N S　S N
（　　　　　）

(4) S N　S N
（　　　　　）

3 右の図のように，じしゃくに糸をつけて自
由に動けるようにしました。動きが止まった
時のじしゃくの向きで正しい文には○を，ま
ちがっている文には×をつけましょう。

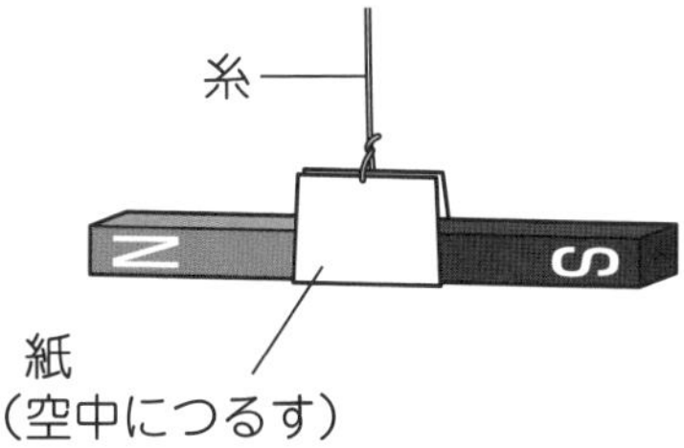

糸

N　S

紙
（空中につるす）

(1) じしゃくの動きが止まった時，N極は南の
方向を向いて止まります。　（　　　　　　）

(2) じしゃくの動きが止まった時，S極は北の方向を向いて止まります。
（　　　　　　）

4 右の図のように，ア，イの鉄くぎをじしゃ
くにつけました。次の問題に答えましょう。

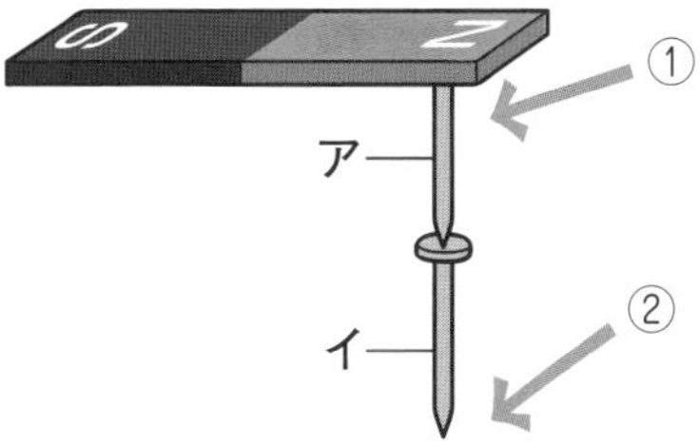

S　N

ア

①

イ

②

(1) じしゃくからアの鉄くぎをはなした時，イ
の鉄くぎはどうなりますか。
（　　　　　　　　　　　）

(2) ①，②はそれぞれ何極になりますか。
①（　　　極）　②（　　　極）

レッスン9 季節と生き物のようす

[4年]

このレッスンのはじめに♪

　わたしたち人間は，季節が移り変わるときに，着ている服や使っている道具を変えて対応しています。動物や植物は，変化する季節をどのように過ごしているのでしょう。1年間の生き物のようすを観察していきましょう。

1 春～夏の生き物のようす

授業動画は
こちらから

季節の変化によって，生き物のようすはどのように変わっていくのでしょう。
生き物の1年間のようすをまとめましょう。ここでは，身近な動物や植物のようすを季節ごとに観察します。

春の生き物

春になると，生き物の活動が活発になります。

 動物のようす

ツバメ	ヒキガエル	オオカマキリ	カブトムシ

ツバメはあたたかい南の国から日本にやって来ます。そして，家ののき下などに，土やかれ草で巣をつくり，卵を産んで，子育てをします。	池の中では，ヒキガエルの卵からかえったおたまじゃくしが泳いでいます。	木の枝では，オオカマキリの卵のう（卵のかたまり）から，たくさんの幼虫がかえります。	土の中では，カブトムシの幼虫がふよう土（くさった葉など）を食べて育っています。 春は"生まれる"ね！

 植物のようす

ツルレイシを育てて観察してみましょう。

種をまきます。水をかけて，はちをあたたかいところにおいて置きます。 種	葉が3～4枚になりまきひげが出てきたら，くき（つる）が上にのびやすいようにネットをはったり，棒を立てたりした花だんなどに植えかえます。

観察の記録

観察した動物や植物の１年間の記録をつけましょう。

ポイント 観察カードの書き方

ツルレイシ
校庭 7月8日午前10時
晴れ　気温27℃

暑くなって，くきがよくのび，葉の数も前にくらべて多くなった。花がさきはじめていた。

❶ 観察した植物（動物）の**名前**

❷ 観察した**場所**

❸ 観察した**日時・天気・気温**など

❹ **絵**や**写真**

❺ **気づいたこと**や**感想**

これらを季節ごとに書いて整理します。

春から冬までのカードを集めて見直してみると，
変化がよくわかります。

ポイント 気温と水温のはかり方

気温

❶ まわりがひらけた**風通しの良い**ところではかる。

❷ 地面から**1.2〜1.5 mの高さ**ではかる。

❸ **日光が温度計に直接当たらない**ようにしてはかる。

水温

日光が温度計に直接当たらない
ように，自分のかげに入れてはかる。
温度をはかるときは，**温度計の上のほ
うを持って**はかる。

注意 生き物を調べるときに，虫めがねやそう眼鏡で太陽を絶対に見てはいけません。目をいためてしまいます。

チェック 1 次の問題に答えましょう。　　　　　　　　　　👉**答えは別冊p.6へ**

（1）気温や水温をはかるとき，温度計に何が直接当たらないようにしますか。

（　　　　　　　　　　）

（2）生き物を調べるときに，虫めがねやそう眼鏡を使って，絶対にしてはいけないことは何ですか。　　　　　　　（　　　　　　　　　　　　　　　　）

🐾夏の生き物

夏になると，動物はさかんに活動し，植物は大きく成長(せいちょう)します。

ポイント 動物のようす

ツバメ	ヒキガエル	オオカマキリ	カブトムシ

ひなは飛べるようになっていますが，まだ親鳥から食べ物をもらいます。	後ろあしが生え前あしも生えて水から上がります。水辺からはなれて生活します。	幼虫(ようちゅう)がだっ皮して（皮をぬいで）大きく成長し，活発に活動します。	成虫になり，木のしる(す)を吸います。めすは卵(たまご)を産(う)みます。

ポイント 植物のようす

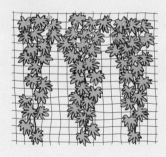

気温が上がると，ツルレイシのくき（つる）はぐんぐんのび，葉の数も多くなります。花がさき，小さな実もできます。

ツルレイシ

月日	5/18	6/20	8/6
	2 cm	20 cm	80 cm
気温	18℃	25℃	30℃

くきの長さ 午前10時

暑くなって，くきがどんどんのびた。

チェック 2 夏になると (1)(2) の生き物はどうなりますか。

🐟答えは別冊p.6へ

（　　　）にあてはまる言葉を書きましょう。

(1) ヒキガエルのおたまじゃくしは（　　　　　）が生えて，水から上がってきます。

(2) ツルレイシは（　　　　）がのび，（　　　　）が増(ふ)えて，大きく育っていきます。

2 夏の終わりの生き物のようす

夏の終わりの生き物

　夏の終わりになると，夏休みの前には聞こえなかった虫の鳴き声が，朝や夜に聞こえるようになります。生き物のようすはどのように変わったのでしょう。

ポイント 動物のようす

ツバメ	ヒキガエル	オオカマキリ	カブトムシ

成長したひなは，群れになって電線などにとまっています。南の国にわたる準備をしています。	水辺から野山に移っていきます。	さかんにえさを食べています。まもなく成虫になります。 カエルの鳴き声が聞こえるね	夏に産んだ卵から，幼虫がかえります（体の長さは8mmくらい）。

ポイント 植物のようす

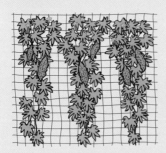

　ツルレイシは葉がたくさんしげり，実もたくさんできています。

　オレンジ色になった実が縦にさけて，中の種が落ちます。種を洗ってかわかしておきましょう。

チェック 3　夏の終わりになると，生き物や植物はどのように変わっていくでしょう。（　　　）に書きましょう。　　➡答えは別冊p.6へ

(1)　朝や夜になると，夏には聞こえなかった虫の（　　　　　　）が聞こえるようになります。

(2)　ツバメの（　　　　）は成長し，（　　　　　）になって電線などにとまっています。

3 秋～冬の生き物のようす

授業動画は
こちらから

🔬秋の生き物

　秋になると，すずしくなり，動物の中には，卵を産んで死んだり，活動がにぶくなるものがいます。また寒さに備えてすむ場所を変えるものもいます。植物は，実や種ができるもの，葉の色が変わったり葉が落ちたりするものがあります。

 動物のようす

ツバメ	ヒキガエル	オオカマキリ	カブトムシ

春に日本にやってきたツバメは，秋に南の国へもどっていくので，見ることができなくなります。	**冬に土の中で過ごすため**，えさをさかんに食べています。	卵のう **卵を産みます。**	幼虫は土の中で生活しています。ふよう土を食べて大きくなります。

もっとくわしく　ツバメのように，長いきょりを移動し，季節によって生活する場所を変える鳥を "わたり鳥" といいます。ツバメとちがって，秋に北のほうからやって来て日本で冬を過ごし，春に北のほうへもどっていく鳥もいます。

 植物のようす

　ツルレイシの種はすっかり落ちて，葉がかれます。

チェック 4　秋の生き物について（　　　　　）にあてはまる言葉を書きましょう。　　　　　🐦答えは別冊p.6へ

(1)　秋になると，ツバメは（　　　　　　　　）にわたっていきます。
(2)　オオカマキリは（　　　　　）を産みます。そのかたまりを（　　　　　　）といいます。

冬の生き物

冬になると，寒い日が続くようになります。こん虫は，いろいろな場所で，いろいろなすがたで冬を過ごします。植物も，いろいろなすがたで冬を過ごします。

ポイント 動物のようす

ツバメ	ヒキガエル	オオカマキリ	カブトムシ
南のあたたかい国で過ごしているので，日本では見ることができません。春になるとまたもどってくるので巣はそのままにしておきましょう。	土の中でじっとして冬をこします（冬眠）。	成虫は死んでしまい，卵（卵のう）で冬を過ごします。	土の中で，幼虫のまま過ごします。

ポイント 植物のようす

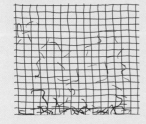

気温が低くなり，ツルレイシは，くきや葉だけでなく，根もかれてしまい，種で冬をこします。

サクラは葉を落としますが，木はかれずに新しい芽をつけて冬を過ごすんだよ！

タンポポは葉をつけたまま，かれずに冬をこすよ。日光によく当たるように，地面に葉を広げているよ。

もっとくわしく 寒くなると動物のすがたを見なくなりますが，動物が残した活動のあとは見ることができます。これをフィールドサインといいます。雪の上やどろの上に残る足あとなどがフィールドサインです。

レッスン**9** の力だめし

答えは別冊p.7へ

1 春の生き物のようすに○を, 夏の生き物のようすに△をつけましょう。

カブトムシ　　　　サクラ　　　　　カマキリの
卵と幼虫　　　　セミ

（　　　　　）　　（　　　　　）　　（　　　　　）　　（　　　　　）

2 観察カードの□には何を記録したらよいですか。
2つに○をつけましょう。

土の色　　　（　　　　　）
気　温　　　（　　　　　）
水　温　　　（　　　　　）
観察した日　（　　　　　）

ツルレイシ教室のまどぎわ

□　午前10時　晴れ　□

芽が出た。
子葉は2まい。…

3 下の文章の（　　　　　）にあてはまる言葉を書きましょう。

(1) 春に日本にやって来たツバメは, 土やかれ草で（　　　　　）をつくり, 卵を産みます。

(2) 夏になると, オオカマキリの幼虫は（　　　　　）して, だんだん大きくなります。

(3) 夏に卵からかえったカブトムシの（　　　　　）は（　　　　　）で冬を過ごします。

(4) サクラは（　　　　　）を落としますが, 木はかれずに新しい（　　　　　）をつけて冬を過ごします。

(5) 秋になりすずしくなると, ツルレイシの（　　　　　）は落ち,（　　　　　）はかれます。

4 冬になると, ヒキガエルは, どこでどのように過ごしますか。
どこで（　　　　　　　　　）　　どのように（　　　　　　　　　）

天気と気温の変化

[4年]

このレッスンのはじめに♪

　校庭などで見かける白い箱を,「百葉箱」といいます。百葉箱を使うと,気温の変化を調べることができます。どのように使うのか見ていきましょう。

1 天気と気温

 授業動画は こちらから 39

　天気は毎日変化しています。気温は，１日の中で変化しています。天気と気温の変化には，どのような関係があるのでしょう。

🌧天気と気温

　毎日，天気予報では，「晴れやくもり」「午前中や午後の気温」を伝えていますが，天気と気温はどのように決められているのでしょう。また，どのように調べるのでしょう。

天気の決め方

　青空が広がっていたり，雲があっても青空が見えているときを晴れ，雲が広がって，青空がほとんど見えないときをくもりとします。

晴れとくもり のちがいは，わかった？

気温

　風通しが良く，地面からの高さが1.2〜1.5mぐらいの場所で，温度計に直接日光が当たらないようにしてはかった空気の温度のことを気温といいます。

百葉箱

[百葉箱]

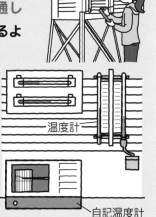

　空気の温度は，地面からの高さなどでちがいます。そこで，同じ条件ではかれるようにつくられたのが**百葉箱**です。**日光が直接当たらない，雨が当たらない，風通しが良い，また，温度計の位置が地上1.2〜1.5mになるようにつくられています。**

　百葉箱の中で，温度計や自記温度計などを使って，気温をはかります。

温度計

自記温度計

気温のはかり方は，『季節と生き物のようす（60ページ）』でもやったよね！

チェック 1　次の問題に答えましょう。　　　　　　　　　　　　📣**答えは別冊p.7へ**

（1）　風通しが良く，地面からの高さが1.2〜1.5mの場所で，温度計に直接日光が当たらない
　　　ようにしてはかった空気の温度を何といいますか。　　　　（　　　　　　　　　　　）

（2）　（1）をはかる条件に合わせてつくられた，校庭にある白い箱を何といいますか。

　　　　　　　　　　　　　　　　　　　　　　　　　　　　　　（　　　　　　　　　　　）

2 気温の変化

授業動画は
こちらから

　「朝はすずしかったのに，昼は暑い」また，「午前中はあたたかかったのに，午後は寒い」ということがあります。どうして気温に変化があるのでしょう。1日の気温の変化を調べてみましょう。

🧩 1日の気温の変化

　晴れた日と，くもりや雨の日に，昼間の気温を1時間ごとにはかります。**表に気温を記録して，折れ線グラフに表してみましょう。**

 気温を記録する

❶　晴れ，くもり，雨のそれぞれの日に気温を調べる。

❷　**同じ場所で，1時間おきに調べる。**

❸　調べた結果を表に記録する。

6月9日の天気と気温

時こく	午前9時	午前10時	午前11時	
天気の印	☀	☀		
気温（℃）	17℃	18℃		

 折れ線グラフの書き方

❶　**題名**を書く。

❷　**縦じくに気温，横じくに時刻をとり，目盛りと単位を書く。**

❸　**時刻と気温が重なるところに点を書く。**

❹　**点を直線でつなぐ。**

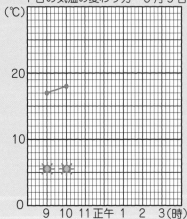

1日の気温の変わり方　6月9日

午前9時の気温は
17℃ということだね。

下の図は，1日の気温の変わり方と天気の関係を表したグラフです。

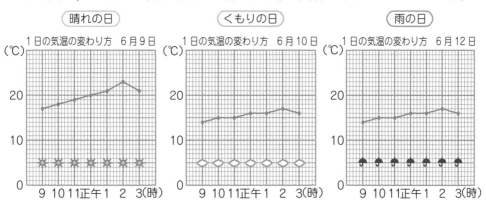

晴れの日　くもりの日　雨の日

1日の気温の変化は，日中は高く，朝や夜に低くなることが多いです。

晴れの日の折れ線グラフは，
山型になって，2時の気温が
一番高いわね。

くもりの日や雨の日は，
晴れの日のように気温が
上がらなかったね。

もっとくわしく　折れ線グラフは，線のかたむきが大きいほど，変わり方が大きいことを表しています。線のかたむきが変わらないときは，前後で変化がないということです。

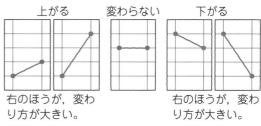

上がる　変わらない　下がる

右のほうが，変わり方が大きい。　　右のほうが，変わり方が大きい。

　晴れた日は気温の変化が大きく，くもりや雨の日は気温の変化が小さいです。これは，**日光が雲でさえぎられるから**です。このように，**1日の気温の変化は，天気によってちがいます**。

もっとくわしく　おうちの人が「西のほうが暗いから，雨になるわ。」と言っているのを聞いたことがありますか。天気の変わり方は5年生でくわしく習いますが，日本付近では，西から東へ雲が動いて，天気も西から変わってくることが多いため，西のほうの天気のようすを見て天気を予想しているのです。

- -

チェック 2　次の問題に答えましょう。　　　　　　　　　🐟**答えは別冊p.7へ**

（1）　1日の気温を記録するときに，気温をはかる場所を変えますか，同じにしますか。

（　　　　　　　　　　　　）

（2）　晴れの日の1日の気温の変化は，雨の日に比べて，大きいですか，小さいですか。

（　　　　　　　　　　　　）

（3）　くもりの日の気温の変化が小さいのは，日光が何にさえぎられるからですか。

（　　　　　　　　　　　　）

♣太陽の動きと気温の変化

晴れの日の１日の**気温の変化**には，**太陽の高さと地面の温度**が関係しています。

太陽が高くなっていく午前中は，日光が地面をあたため，あたためられた地面が空気をあたため，気温が上がっていきます。**地面の温度は，太陽の高さが一番高い正午ごろに一番高くなりますが，地面があたたまってから空気があたためられるので，気温が一番高くなるのは，午後２時ごろです。**

午後になると，太陽が低くなり，**地面の温度が下がり，気温も下がります。**太陽がしずむと，次の日の朝，太陽が出てくるまで，地面の温度も気温も下がり続け，**１日のうちで一番低くなるのは日の出前のころ**です。

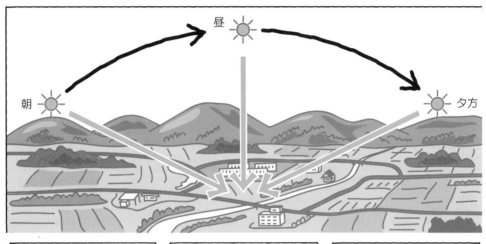

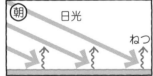

冷えた地面があたたまり，空気をあたためて気温が上がる。

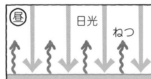

太陽が高くなり，地面がさらにあたたまり，空気をあたためてさらに気温が上がる。

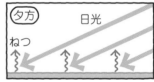

太陽が低くなり，地面のあたたまり方が弱くなって，気温が下がる。

１日の気温の変化が天気によってちがうのは，くもりや雨の日は太陽の熱で地面があたたまりにくいので，晴れた日より気温が上がりにくくなるからです。

チェック３　次の（　　　　）にあてはまる言葉を書きましょう。　　　➡答えは別冊p.7へ

晴れの日の，太陽が一番高い時刻と，気温が一番高い時刻がずれるのは，まず太陽が
（　　　　　　）をあたためてから，地面が（　　　　　　）をあたためるからです。
気温が，一番低くなるのは，（　　　　　　）前のころです。

レッスン10 の 力だめし

授業動画は
こちらから

答えは別冊p.7へ

1 次の問題に答えましょう。

(1) 百葉箱は，何をはかるためにつくられたものですか。

（　　　　　　　　）

(2) 気温のはかり方で，良いものをひとつ選びましょう。

㋐風通しの良くないところで，はかる。

㋑地面から4 mの高さで，はかる。

㋒地面から1.2 ～ 1.5 mの高さで，はかる。　　（　　　　　　　　）

2 晴れの日と雨の日の気温の変化を調べて，表とグラフに表しました。

時こく	午前9時	10時	11時	正午	午後1時	2時	3時	4時
㋐ 6月10日	17℃	19℃	20℃	22℃	24℃	25℃	22℃	20℃
㋑ 6月13日	15℃	16℃	16℃	17℃	17℃	18℃	17℃	16℃

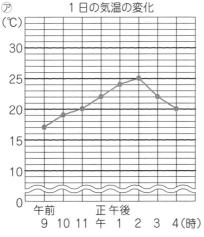

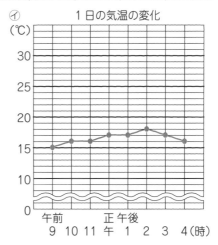

(1) ㋐のグラフで，気温は何時ごろが一番高いですか。

（　　　　　　　　）

(2) 雨の日の気温を記録したものは，㋐，㋑のどちらですか。

（　　　　　　　　）

(3) くもりの日のグラフは，㋐，㋑のどちらのグラフと似た形になりますか。

（　　　　　　　　）

(4) 雨の日の気温が，グラフのような変化をするのはなぜですか。

（　　　　　　　　　　　　　　　　　　　　　　　　　　）

レッスン11 かん電池のはたらき ［4年］

※光電池は254ページでくわしく学習します。

このレッスンのはじめに♪

　ふだん，かん電池はどんなときに使いますか？　テレビのリモコンやゲーム機など，かん電池は身のまわりの電化製品に使われています。レッスン11では，かん電池のしくみやかん電池を使って回るモーターのはたらきについて学習していきます。

1 かん電池のはたらき

授業動画は
こちらから

かん電池のはたらき

　電気の通り道が１つの"輪"になるようにつなげたとき，豆電球がつきます。この電気の通り道が**回路**で，回路を流れる電気のことを**電流**といいます。**電流は，かん電池の＋極から－極に流れます。**

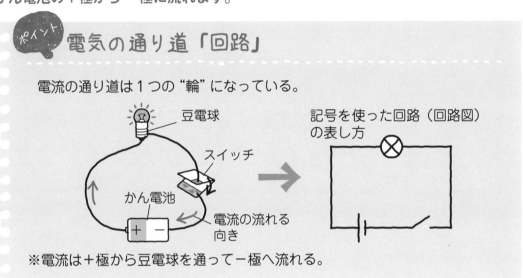

ポイント 電気の通り道「回路」

電流の通り道は１つの"輪"になっている。

豆電球
スイッチ
かん電池
電流の流れる向き

記号を使った回路（回路図）の表し方

※電流は＋極から豆電球を通って－極へ流れる。

記号を使った回路の表し方

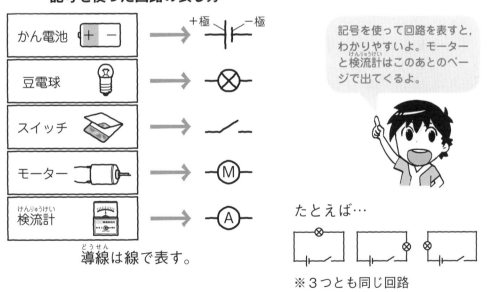

かん電池	→	＋極 ─ 極
豆電球	→	⊗
スイッチ	→	／
モーター	→	Ⓜ
検流計（けんりゅうけい）	→	Ⓐ

導線（どうせん）は線で表す。

記号を使って回路を表すと，わかりやすいよ。モーターと検流計（けんりゅうけい）はこのあとのページで出てくるよ。

たとえば…

※３つとも同じ回路

チェック 1 次の問題に答えましょう。　　　　　　　　　　　答えは別冊p.7へ

（1）　電気の通り道のことを何といいますか。　　　　　　（　　　　　　　）

（2）　（1）を流れる電気のことを何といいますか。　　　　（　　　　　　　）

かん電池のつなぎ方

かん電池2個のつなぎ方には，**直列つなぎとへい列つなぎ**の2種類のつなぎ方があります。つなぎ方によって電流の大きさが変わります。

ポイント 直列つなぎとへい列つなぎ

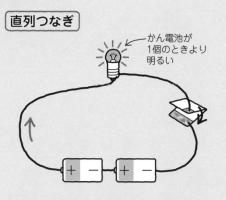

直列つなぎ

かん電池が1個のときより明るい

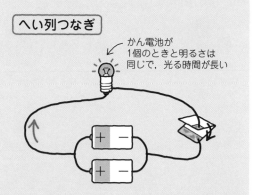

へい列つなぎ

かん電池が1個のときと明るさは同じで，光る時間が長い

2個のかん電池のちがう極どうしをつなぐ，このつなぎ方を直列つなぎといいます。

かん電池1個のときに比べて**大きな電流が流れるので，豆電球は明るくなります。**

2個のかん電池の同じ極どうしをつなぐ，このつなぎ方を**へい列つなぎ**といいます。

かん電池1個のときと，**電流の大きさも豆電球の明るさもほとんど変わりませんが，明かりがついている時間は長く**なります。

直列つなぎは，電気の通り道がひとつしかないので，かん電池を1個はずすと，電流の流れは止まってしまいます。

へい列つなぎは，電池の数だけ電気の通り道があるので，かん電池を1個はずしても電流の流れは止まりません。

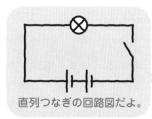

直列つなぎの回路図だよ。

へい列つなぎの回路図はこんなふうにかくよ！

もっとくわしく かん電池の大きさを変えても流れる電流の大きさは変わりません。ただし長持ちします。

✦答えは別冊p.7へ

チェック 2 2個のかん電池のつなぎ方について，次の問題に答えましょう。

(1) かん電池のつなぎ方には，何つなぎと何つなぎがありますか。（　　　　，　　　　　）
(2) (1)のつなぎ方のうち，どちらの方が，豆電球は明るいですか。（　　　　　つなぎ）

2 電流の大きさと向き

授業動画は
こちらから

検流計

検流計を使うと，電流の大きさと電流の流れる向きを調べることができます。検流計の針が大きくふれるほど電流が大きいということです。また，かん電池の＋極と－極を入れかえてつなぐと，検流計の針は反対の向きにふれます。

ポイント **検流計の使い方**

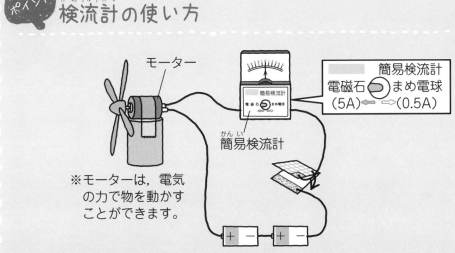

モーター

簡易検流計
電磁石 まめ電球
(5A)←　→(0.5A)

簡易検流計

※モーターは，電気の力で物を動かすことができます。

モーターを使った回路のとき

❶ 切りかえスイッチは，電磁石（5A）側に入れる。
❷ 検流計を回路のとちゅうにつなぐ。
❸ 回路のスイッチを入れて電流を流し，検流計の針が示す目盛りを読む。これが，電流の大きさ。

　（はりのふれが小さいときは，切りかえスイッチをまめ電球側（0.5A）に入れる。）

検流計だけをかん電池につなげると，検流計がこわれてしまうから注意！

チェック 3　75ページの回路の図を，右のように回路図で表しました。

答えは別冊p.7へ

右の図の2つの○の中に，検流計とモーターの記号を書いて，回路図を完成させましょう。

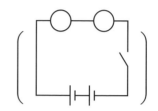

✿モーターの回る向き

かん電池の向きを反対にしてモーターを回すと，モーターの回る向きは逆になります。これは，**電流の流れる向きが逆になったから**です。

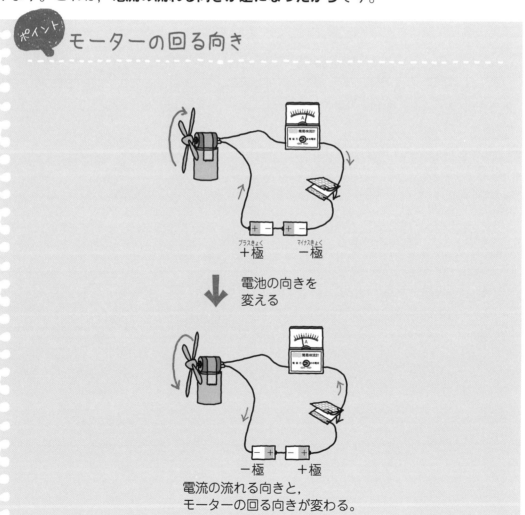

ポイント モーターの回る向き

＋極　　－極

電池の向きを変える

－極　　＋極

電流の流れる向きと，
モーターの回る向きが変わる。

モーターの回る速さ

かん電池を直列つなぎで増やすと，モーターの回る速さが速くなります。ただし，へい列つなぎで増やすと，変わりません。かん電池のつなぎ方によって，電流の大きさが変わり，モーターの回る速さも変わります。

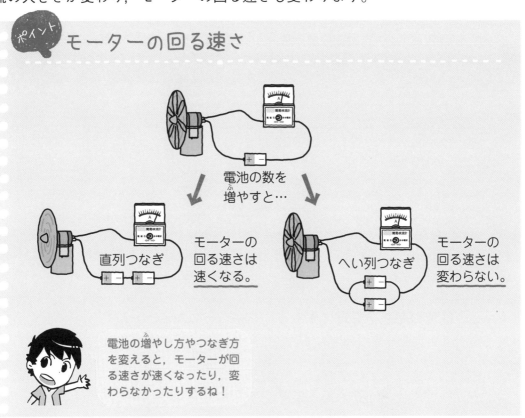

ポイント モーターの回る速さ

電池の数を増やすと…

直列つなぎ　モーターの回る速さは速くなる。

へい列つなぎ　モーターの回る速さは変わらない。

電池の増やし方やつなぎ方を変えると，モーターが回る速さが速くなったり，変わらなかったりするね！

地球の資源を大切にするために，電気をあまり使わない器具も使われるようになったよ。その中の1つに発光ダイオードがあるよ！
発光ダイオードは身近なところで使われているよ。

かい中電灯

信号機

チェック 4　回路のかん電池を次のように変えると，モーターの回る向きや速さはどうなりますか。　　🐟答えは別冊p.8へ

(1)　かん電池の向きを反対にする。　　（回る向きは，　　　　　　　　　）
(2)　直列つなぎで，かん電池の数を増やす。　　（回る速さは，　　　　　　　　　）

レッスン11の 力だめし

 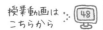

➡ 答えは別冊p.8へ

1 下の図は, へい列につないだ電池にモーターをつなぎ, 電流の大きさやモーターの回る向きを, 調べようとしている図です。次の問題に答えましょう。

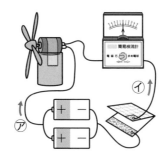

(1) 回路を流れる電流の向きは, ⑦・⑦のどちらですか。

(　　　　　)

(2) 電池の向きを反対にすると, モーターの回る向きはどうなりますか。

(　　　　　　　　　　　)

(3) 電池を1個はずすとモーターの回る速さはどうなりますか。

(　　　　　　　　　　　)

2 記号を使って回路を表すとき, それぞれの記号が表すものを下の⬜︎から選んで答えましょう。

(1)　　　　　　(2)　　　　　　(3)　　　　　　(4)

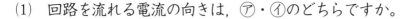

(　　　　) (　　　　) (　　　　) (　　　　)

かん電池　豆電球　スイッチ　モーター　検流計

3 かん電池２個のつなぎ方について，問題に答えましょう。

(1) かん電池１個のときに比べて，豆電球が明るくなるつなぎ方はどれですか。選んで○をつけましょう。

直列つなぎ　（　　　）
へい列つなぎ　（　　　）

(2) かん電池１個のときに比べて，明かりがついている時間が長くなるつなぎ方はどれですか。選んで○をつけましょう。

直列つなぎ　（　　　）
へい列つなぎ　（　　　）

4 検流計について，それぞれ正しいものを選びましょう。

(1) つなぎ方

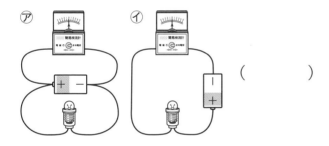

（　　　　　）

(2) 電流が大きいほう

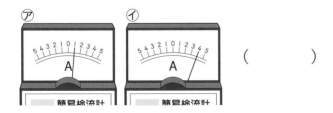

（　　　　　）

レッスン 12 とじこめた空気と水 ［4年］

このレッスンのはじめに♪

　自転車のタイヤをさわって，空気がぬけてしまっていないか確かめたことがありますか？　タイヤの中には空気が入っています。おしたときの手の感しょくは，空気が入っているときとぬけているときとでちがいますね。とじこめた空気や水がどのようになっているのか学習しましょう。

1 とじこめた空気の性質

とじこめた空気

とじこめた空気は，**力を加えると体積が小さくなり，力をゆるめると，もとの体積にもどろうとする**性質があります。

ピストンにとじこめた空気

❶ 空気を入れた注射器の先をしっかりとふさぎます。

❷ ピストンをおすと，空気は**おし縮められます**。
ピストンから指をはなすと，ピストンはおし上げられ，**もとの位置までもどります**。

❸ おせばおすほど，体積は小さくなり，おし返す力が大きくなります。

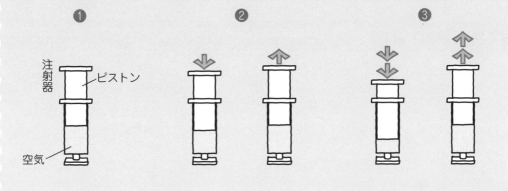

❶ 注射器 ピストン 空気 ❷ ❸

たくさんの空気をとじこめておし縮めると，**もとの体積にもどろうとおし返す力も大きく**なります。ボールやタイヤは，空気のこのような性質を利用しています。ボールははね返りますし，タイヤはクッションの役目をしたりします。

ビニールぶくろに空気をとじこめて，手でおしてみると，手ごたえが感じられるよ。やってみよう！

チェック 1 次の（　　　）にあてはまる言葉を書きましょう。　　📖 答えは別冊p.8へ

おし縮められた空気は，もとの体積にもどろうとする性質があるので，おせばおすほど体積は
（　　　　　）なり，おし返す力が（　　　　　　）なります。

ポイント 空気鉄ぽうで玉を飛ばす

空気鉄ぽうは，とじこめた空気を利用したおもちゃです。**おし縮められた空気がもとにもどろうとする力**を使って，玉を遠くへ飛ばします。

♣空気鉄ぽうを使った実験

次のような空気鉄ぽうをつくり，実験をしてみましょう。

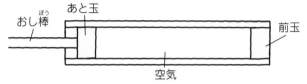

前玉とあと玉は
ジャガイモを
使うといいね！

空気鉄ぽうのつくり方

前玉をおし出してみよう

おし棒であと玉をおすと，おし縮められた空気がもとにもどろうとします。

もとの体積にもどろうとしておし返す力が前玉を飛ばします。

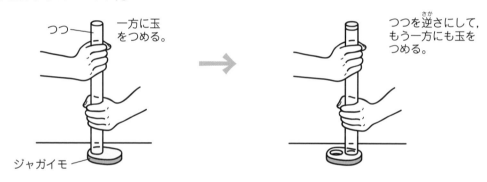

玉がよく飛ぶときは，**おし棒をおす手ごたえが大きい**ことがわかります。前玉は，おし棒やあと玉に**直接おされたからではなく**，つつの中の空気によって飛ばされるのです。

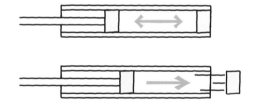

人や窓ガラス，電灯などに向けて玉を飛ばしてはいけないよ。広いところでやろうね。

2 とじこめた水の性質

授業動画は
こちらから

 51   52

 51

とじこめた水

　空気とちがって，水はおし縮めることができません。とじこめた水をおしても，体積は変わりません。

ピストンにとじこめた水

① 水を入れた注射器の先をしっかりとふさぎます。

② 空気とちがって，ピストンをおしても，ピストンは動きません。

③ さらにおしても，体積は変わりません。

④ 注射器の先をふさがずに，強い力でピストンをおすと，水は勢いよく飛び出します。弱い力でピストンをおすと，あまり飛びません。

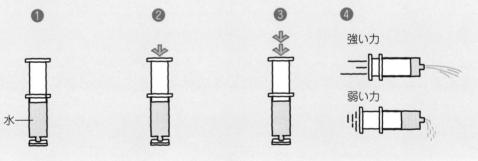

①　②　③　④

強い力

弱い力

水

水はおし縮められないから，空気鉄ぽうに水を入れておしても，玉は飛ばないよ！

それでは，空気と水を半分ずつ入れてピストンをおすと，どうなるのでしょうか。

次の図を見てみましょう。**ピストンをおすと，空気の体積は小さくなります。しかし，水の体積は変わらないことがわかります。**

空気の体積が小さくなるほど，おし返す力は大きくなります。

おすのをやめると，空気の体積はもとにもどります。

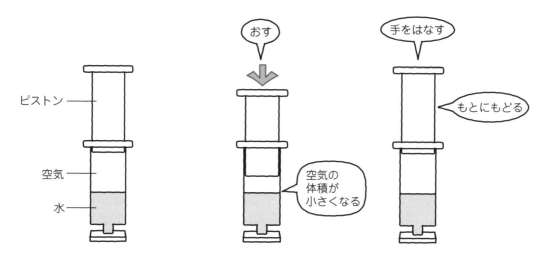

とじこめた水の利用

とじこめた水の性質は，身のまわりのいろいろなところで利用されています。

例えばスーパーに並んでいるとうふのパックです。

ふつう，とうふのようなやわらかいものは，上に重いものを積んでいくとくずれてしまいます。しかし，容器の中に水を入れることで，とうふに直接力が加わらないようになっています。

とじこめた水は力が加わってもおし縮められることがないので，とうふに直接力が加わらないからだね！

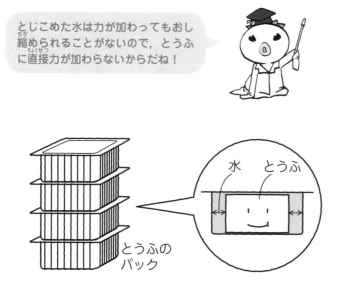

3 空気や水を使ったおもちゃ

授業動画は
こちらから 53

　とじこめた空気に力を加えて空気の体積を小さくすると，もとの体積にもどろうとします。**このように，空気がもとにもどろうとする力で，水をふき出して飛ぶのが，ペットボトルロケット**です。ペットボトルロケットを飛ばしてみましょう。

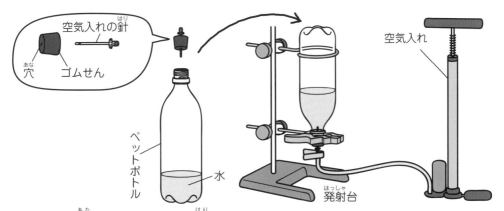

①ゴムせんの穴に，空気入れの針を差しこみ，水を入れたペットボトルにはめます（水はペットボトルの4分の1ぐらい）。
②発射台にペットボトルをとりつけ，空気入れでペットボトルに空気を入れていきます。

必ず大人の人とやってね！

とじこめた空気の性質は，いろいろなところで利用されているよ。探してみてね！

注意 打ち上げるときは，広いところで，真上に飛ばしましょう。

とじこめた空気と水を利用して，**ふん水**をつくることもできます。

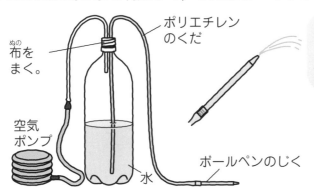

布をまく。
ポリエチレンのくだ
空気ポンプ
水
ボールペンのじく

空気ポンプを使って，空気を入れると，空気はもとの体積にもどろうとして，水をおすよ。おされた水はくだを通って飛び出すんだ！

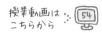

答えは別冊p.9へ

1 下の図のように，つつに空気をとじこめて，棒でおします。

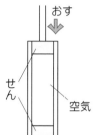 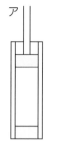 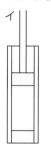 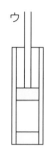

(1) 手ごたえが一番大きいのはどこまでおしたときでしょう。上の図のア〜ウから１つ選んで，記号を書きましょう。　　　（　　　　　　）

(2) 棒をおしていくと，つつの中の空気の体積はどうなるでしょう。
　　　　　　　　　　　　　　　　　　（　　　　　　　　　　）

(3) ウの棒をおすのをやめて力をぬくと，上のせんはどうなるでしょう。正しいものを選んで〇をつけましょう。
　　（　　　　）そのまま動かない。
　　（　　　　）おす前の位置にもどる。
　　（　　　　）少しもどる。

2 下の図のように，つつに水をとじこめて，棒でおします。

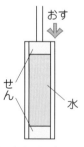 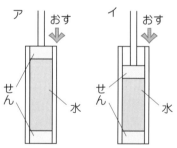

(1) 水をおしたときのようすは，アとイのどちらになりますか。
　　　　　　　　　　　　　　　　　　（　　　　　　　　　　）

(2) 加える力を強くすると，つつの中の水の体積はどうなりますか。
　　　　　　　　　　　　　　　　　　（　　　　　　　　　　）

3 空気鉄ぽうで玉を飛ばします。

(1) 前玉が飛び出すとき,あと玉はどこにありますか。正しいものを選んで○をつけましょう。

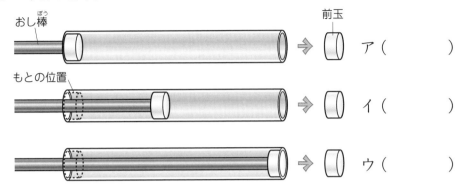

おし棒　前玉　　ア（　　　　）

もとの位置　　イ（　　　　）

ウ（　　　　）

(2) おし棒をおすと,つつの中の空気の体積ははじめと比べてどうなりますか。正しいものを選んで○をつけましょう。

大きい（　　　　）　　小さい（　　　　）　　変わらない（　　　　）

(3) 前玉が飛び出すしくみを正しく書いてあるのは,どちらですか。正しいものを選んで○をつけましょう。

ア（　　　　）あと玉に直接おされて前玉が飛び出す。

イ（　　　　）おし縮められた空気がもとにもどろうとして前玉を飛ばす。

(4) 空気鉄ぽうで,玉を飛ばすとき,向けてはいけないのはどこですか。選んで×をつけましょう。

（　　　　）かべにはった紙の的

（　　　　）人や窓ガラス

（　　　　）水の入ったペットボトル

4 次のうち,とじこめた空気の性質を利用しているのはどれですか。正しいものを選んで○をつけましょう。

ア（　　　　）うき輪

イ（　　　　）とうふのパック

ウ（　　　　）保冷ざい

レッスン 13 星と月 〔4年〕

このレッスンのはじめに♪

夜空の星や月は，季節によって見える位置（いちか）が変わりますね。そして星座にはいろいろな物語があったり…。みなさんはどんな星座を知っていますか？ さあ，夜空を見上げてみましょう！

1 星の明るさと動き

　夜空には，たくさんの星があります。星には，明るさや色のちがいがあり，またいろいろな星座があります。星座とは，星をいくつかのまとまりに分けて，いろいろな動物や道具に見立てて名前をつけたものです。

夏の大三角

　夏の夜，東の空に見える３つの明るい星〈こと座の**ベガ**，わし座の**アルタイル**，はくちょう座の**デネブ**〉をつなぐとできる三角形を夏の大三角といいます。

ベガ（おりひめ星）
こと座
デネブ
はくちょう座
アルタイル（ひこ星）
わし座

七夕の話に出てくるおりひめ星はベガ，ひこ星はアルタイルだよ！

冬の大三角

オリオン座ベテルギウス
リゲル
こいぬ座
おおいぬ座シリウス
プロキオン

　冬の夜，南東の空に見える３つの星〈オリオン座の**ベテルギウス**，おおいぬ座の**シリウス**，こいぬ座の**プロキオン**〉をつなぐとできる三角形を冬の大三角といいます。

星座といえば，夏はさそり座，冬はオリオン座ね！

もっとくわしく ギリシア神話「サソリに殺されたオリオン」

　オリオンは，ギリシア神話という古代のお話に登場する狩人です。あまりにも強く，いつもいばっていました。そのため，女神のいかりをかい，女神がはなったサソリの毒で命を落としてしまいました。

　星座となって天にのぼったあとも，オリオンはサソリをおそれて，さそり座が東の空からのぼってくるとオリオン座は西へとしずみ，さそり座が西へとしずむと，東の空からのぼってきます。冬の星座のオリオン座と，夏の星座のさそり座が，ほぼ180度反対にあることにちなんだお話です。

 星の明るさ

　星は明るさによって，明るいものから順に１等星，２等星，３等星・・・６等星と分けられています。**６等星は人間の目でやっと見ることのできる明るさ**で，**１等星は６等星の100倍の明るさ**です。**夏の大三角と冬の大三角のそれぞれの３つの星はすべて１等星です。**

目で見ることはできないけど，天体望遠鏡で見ることができる星には，7等星，8等星……って等級がつけられているよ！

見つけたい星や星座がどこにあるのかわからないときは，星座早見を使うと，いつ・どこに・どんな星があるのかを知ることができるよ！

チェック 1 次の（ ）にあてはまる言葉や数を書きましょう。　　　🐟**答えは別冊p.9へ**

はくちょう座の（ ），こと座のベガ，（ ）のアルタイルは夏に見ることができる1等星で，これらの3つの星をつないでできる三角形を（ ）とよびます。
1等星は6等星の（ ）倍の明るさです。

✨星座早見の使い方

星座早見を使って星を探してみましょう。

①観察する時刻と月日の目盛りを合わせます。

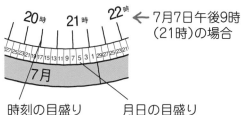

← 7月7日午後9時（21時）の場合

時刻の目盛り　　　月日の目盛り

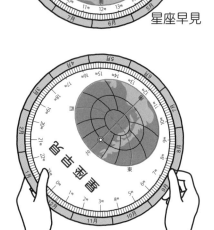

星座早見

②方位磁針を使って，調べる星が見える方位に向かって立ちます。

③東の空で調べるときは，星座早見の「東」の文字が下にくるようにして持ち上げ，夜空の星と比べます。

夜，星座早見を使うときはかいちゅう電灯に赤いセロハンをかぶせて光をあてます。
赤い光は目にやさしいので観察のじゃまになりにくいからです。

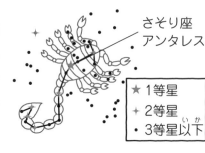

注意　夜は必ず大人の人といっしょに観察しましょう。おそくまで観察しないように気をつけましょう。

✨星の色

さそり座の**アンタレス**は赤っぽい色，こと座のベガは白っぽい色をしています。星の色のちがいは星の表面の温度のちがいです。アンタレスはおよそ3500℃でベガはおよそ9500℃といわれています。

さそり座
アンタレス

★1等星
✦2等星
・3等星以下

ポイント 星の色

　星をよく観察すると，**白っぽい色，黄色っぽい色，赤っぽい色**などがあります。星の色がちがうのは，**星の表面の温度**がちがうからです。赤っぽい星の温度は低く，白っぽい星の温度は高いのです。

もっとくわしく　下の表は，主な1等星の色とその表面の温度を表したものです。白色の1等星は，約11000℃とかなり高温であることがわかります。温度が高いほど白く見え，さらに温度が高くなると青白っぽく見えます。反対に温度が低くなると赤く見えます。

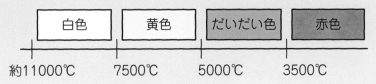

白色	黄色	だいだい色	赤色
約11000℃	7500℃	5000℃	3500℃

星の動き

　夜，星座を観察し，1〜2時間がたってから再び夜空を見てみると，**星座の見える位置が変わっている**のがわかります。しかし，**星の並び方は，変わりません。**

　例えば，オリオン座の位置や並び方で見てみましょう。

オリオン座の星の位置や並び方

①午後7時ごろ，オリオン座を観察して見える位置を調べます。

　このとき、建物や木などもいっしょに記録しておきましょう。

②午後9時ごろに①のときと同じ場所に立って，同じものが見える位置を調べます。

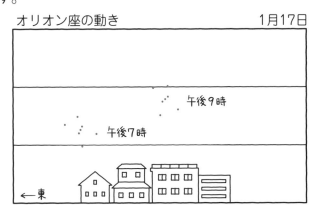

オリオン座の動き　　　　1月17日

午後9時

午後7時

←東

ホントだ！
時間がたつと星座って
動いてるのがわかるわ！

注意　夜の観察はあたたかい服そうで，必ず大人の人といっしょに行いましょう。

　時間がたつと，オリオン座の見える位置は変わります。しかし星座をつくる星の並び方は変わらないことがわかります。

　他の星も記録してみましょう。どの星も同じきょりだけ動いているのがわかります。

右の図は，カメラのシャッターを15分間ほど開けたまま固定して，南東の空を写したものです。星が動いたあとが線になっています。

このように，星は東からのぼり西へしずんだり，北極星を中心に1日で1周したりしています。星がどのように動くかは，見上げる空の方角でちがいます。

2 月の動きと形

授業動画はこちらから

レッスン4（3年生）で，太陽は東からのぼり，南の空を通って西へとしずむことを学習しましたね。月も太陽と同じように動きます。**東からのぼり，南の空を通って西にしずむのです。**

空を見上げて，月を観察(かんさつ)してみましょう。

半月(はんげつ)と満月(まんげつ)の動き

午後3時ごろ，南東の空に右のような月が見えることがあります。

丸い満月とはちがい，半分の形なので**半月**といいます。

昼間に見える半月の位置(いち)を，建物(たてもの)や木などを目印(めじるし)にして，1時間ごとに記録(きろく)し，半月の動きを調べましょう。

半月

月の位置(いち)の調べ方

月の位置は，方位(ほうい)と高さで表します。

<方位の調べ方>

方位は，方位磁針(じしん)を使って調べます。方位磁針を手のひらにのせて，指先を月が見えるほうに向けます。赤い針(はり)を北に，白い針を南に向けて，方位磁針の位置を固定します。

<高さの調べ方>

高さは，こぶしを使って調べます。目の高さにうでをまっすぐのばし，こぶしを重ねて，何個分のところに月があるか調べます。

指先を，月が見えるほうに向ける。

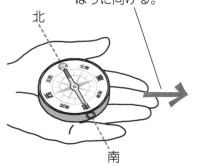

北

南

90°（直角）
10°
0°（目の高さ）

目の高さを0°とする。うでをのばしたとき，にぎりこぶし1つ分を約10°として角度で表す。

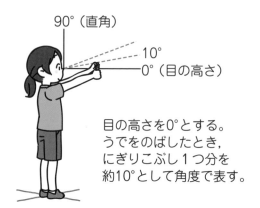

🌙 月を観察してみよう

<半月を観察しよう>

午後に見える半月の位置（方位と高さ）を，建物などを目印にして，およそ1時間ごとに3回以上記録します。

半月は正午ごろ東の空からのぼり，夕方6時ごろに南の空に最も高く上がり，真夜中ごろ西にしずみます。

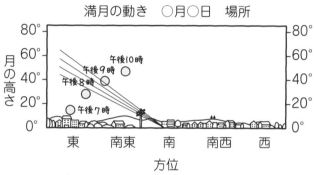

半月の動き　○月○日　場所

<満月を観察しよう>

夜に見える満月についても，半月の観察と同じようにおよそ1時間ごとに3回以上記録します。

満月は午後6時ごろに東からのぼり，真夜中ごろに南の空に最も高く上がり，午前6時ごろ西にしずみます。

満月の動き　○月○日　場所

長い時間観察すると，月は下の図のように動くことがわかります。

半月や満月など，月の形はちがっても，太陽と同じように，時刻とともに**東から南を通って西へ**と動きます。

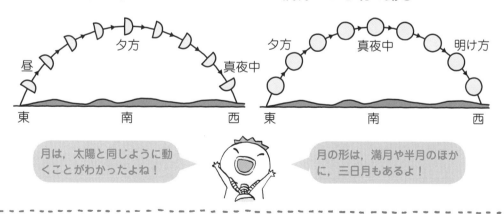

半月のひと晩の動き　　　　満月のひと晩の動き

月は，太陽と同じように動くことがわかったよね！

月の形は，満月や半月のほかに，三日月もあるよ！

- -

チェック 2　　　次の（　　）にあてはまる言葉を書きましょう。　　🗨 答えは別冊p.9へ

月は（　　　　　）と同じように，（　　　　　）からのぼって（　　　　　）にしずみます。
この動きは月の形が変わっても（　　　　　）です。

ポイント 月の形

月は，**毎日少しずつ形を変え，およそ30日かけてもとの形にもどります。**
月の形には，それぞれよび名がついています。

新月………月がまったく見えないとき
三日月………新月から3日目の月
半月………新月からおよそ8日目と22日目の月
満月………新月からおよそ15日目の月

> どうして月の形は
> 変わるんだろう？

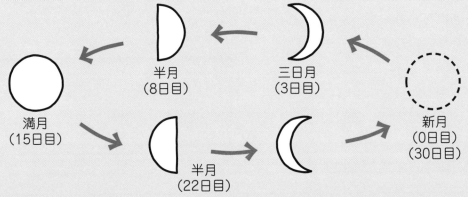

満月
（15日目）

半月
（8日目）

三日月
（3日目）

新月
（0日目）
（30日目）

半月
（22日目）

新月から，三日月，半月をへて，およそ15日かけて，満月になります。その後，また15日かけて，満月から半月，そして新月へと形を変えます。

※もっとくわしいことは，6年生で学習します。

つけたし

昔の人は月の形が変わることを利用してこよみを作りました。月が見えない日を一月の一日とすると，満月は15日ごろになります。このように月を見れば，今日がおよそ何日目か，わかったのです。
　例えば，15日目の月を十五夜といいます。日本では，秋の初めの十五夜の日に作物の実りを感謝して，ススキやお団子を供えます。
　このように，月は昔からわたしたちの暮らしに関係してきました。

> 昔の人は月の形
> の変化を利用し
> て，カレンダー
> を作ったのよ！

チェック 3　　次のような形の月を何といいますか。　　👉答えは別冊p.9へ

（1）　　　　　　　　　　　　　　　　　（2）

（　　　　　　　　）　　　　　　　　　　（　　　　　　　　）

レッスン13 の 力だめし

授業動画は
こちらから

👉 答えは別冊p.9へ

1 夏の夜空を観察しました。

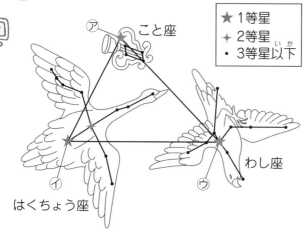

★ 1等星
✦ 2等星
• 3等星以下

こと座

はくちょう座

わし座

ア

イ

ウ

(1) ⑦・④・⑨をつないでできる三角形を何といいますか。
（　　　　　　　　　）

(2) どの方向の空で，この星を見ることができますか。選んで○をつけましょう。
（　東・西・南・北　）

(3) 1等星・2等星・3等星は，星を何によって分けたものですか。
（　　　　　　　　　）

2 星座について正しく書かれているものを1つ選びましょう。

⑦時刻とともに，星座の位置は変わります。

④時刻とともに，星座の星の並び方は変わります。

⑨時刻は関係なく，星座の位置は変わります。　　　　（　　　　　）

3 星の色は，星の表面温度によって変わります。白っぽい色と赤っぽい色では，どちらの温度が高いでしょう。
（　　　　　　　　　　　）

4 月の動きについて書いた文の（　　　）のうち，正しい方を選んで，○でかこみましょう。

(1) 月を観察するときは，（ちがう場所・同じ場所）で観察をします。

(2) 方位は，（方位磁針・こぶし）を使って調べます。

(3) およその高さは，（方位磁針・こぶし）を使って調べます。

(4) 月は，時刻によって見える位置が（変わります・変わりません）。

(5) 月は，日によって見える形が（変わります・変わりません）。

(6) 月は，（東・西・南・北）からのぼり，（東・西・南・北）の空を通って，（東・西・南・北）へしずみます。

レッスン 14 わたしたちの体のつくりと運動

[4年]

このレッスンのはじめに♪

　スポーツをする前にけがをしないように，筋肉を縮めたりゆるめたりして，準備運動をするよね。どのように動かすと，筋肉が縮んだり，筋肉がゆるんだりするのかな。骨や筋肉がどのようについているのか，人間やその他の動物について比べてみよう。

① 人の骨と筋肉

授業動画はこちらから

体をさわると，かたい部分とやわらかい部分があります。**かたくてじょうぶな部分を骨**，**やわらかくて力を入れるとかたさがかわる部分を筋肉**といいます。

骨と筋肉のはたらき

わたしたちは，骨と筋肉のはたらきによって**体を支えたり，動かしたりしています**。約200個の骨と，約400個の筋肉で全身がおおわれています。

図のようにわたしたちの体の中のいろいろな部分に，骨や筋肉があります。

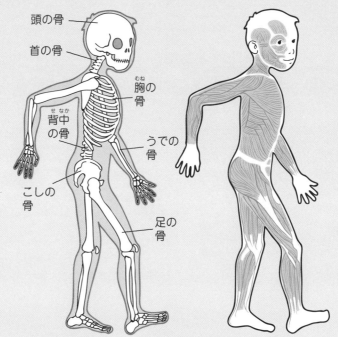

頭の骨
首の骨
胸の骨
背中の骨
うでの骨
こしの骨
足の骨

また，体には**曲げられるところと曲げられないところ**があります。**骨と骨のつなぎ目で，体を曲げられるところを関節**といいます。

骨は体を守っている

骨には，体を支えるはたらきの他に，**体の中にあるやわらかい部分を守る**という役割もあります。**頭の骨は脳を守り，胸の骨は，肺や心臓などを守っています**。

骨には「支える」役割の他に，「守る」役割があるんだね！

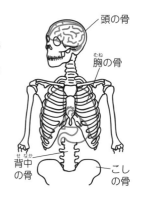

頭の骨
胸の骨
背中の骨
こしの骨

わたしたちの体のつくりと運動　**97**

つけたし 顔の筋肉(きんにく)

顔には目や口を閉じたり開いたりする筋肉があります。これらの筋肉のはたらきで，わたしたちは，笑ったり，おどろいたり，おこったりと，いろんな表情をつくることができるのです。

笑ってる　　おどろいてる　　おこってる

チェック 1　　次の（　　　　　）にあてはまる言葉を書きましょう。　　➡答えは別冊p.10へ

骨(ほね)や筋肉には，体を（　　　　　　）たり，（　　　　　　）たりするはたらきがあります。
骨と骨のつなぎ目で，曲げられるところを（　　　　　　）といいます。

❀関節(かんせつ)

　わたしたちは，**骨(ほね)のつなぎ目である関節**で，うでや足などを曲げることによって，体を動かしています。手や背中には関節がたくさんあるので，物をつかんだり背中を丸めたりすることができるのです。

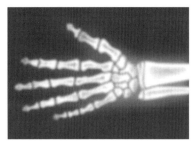

開いた手のレントゲン写真

骨と骨の間が関節よ！手にはたくさんの関節があるから，いろいろなところで曲げることができるのね！

ポイント 関節のはたらき

　うでを曲げたりのばしたりするとき，関節のところで骨を動かしています。わたしたちは，筋肉(きんにく)を縮(ちぢ)めたり，ゆるめたりするときに，関節のところで骨を動かすことで体を動かすことができるのです。

　わたしたちが力強く，すばやく動くことができるのは，関節があるおかげです。

筋肉と骨の関係って密接(みっせつ)なのね。

うでを曲げたりのばしたりする筋肉

　うでの筋肉は，縮む筋肉とゆるむ筋肉が骨をはさんで，組み合わさっています。筋肉の両はしは，骨にくっついています。

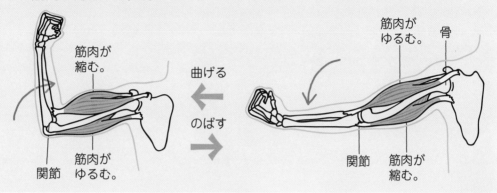

筋肉が縮む。

筋肉がゆるむ。

骨

曲げる

のばす

関節

筋肉がゆるむ。

関節

筋肉が縮む。

　うでを曲げるときには内側の筋肉が縮み，外側の筋肉はゆるみます。
　うでをのばすときには反対に，外側の筋肉が縮み，内側の筋肉がゆるみます。

もちろん，足を曲げるときも，筋肉を縮めたりゆるめたりしているよ！

もっとくわしく　心臓や胃などの内臓も，筋肉でできています。そして，自分の考えとは関係なしに，ひとりでに動いてはたらいています。

 ## 関節の種類

　関節の動きにも種類があります。例えば，うでや足，指などは**折れるようにはたらく関節**，かたには**回すようにはたらく関節**があります。

うで

内側には曲がるけど，外側には曲がらないよ！

かた

ぐるっと回るような動き方ができるよ！

🦴関節のしくみ

　骨の先はやわらかくなっていて，
骨と骨の間は液で満たされています。
この部分が関節です。関節は，いく
つものまくでおおわれています。

　骨と骨の間が液で満たされている
おかげで，骨はなめらかに動くこと
ができます。

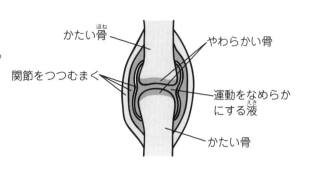

かたい骨

やわらかい骨

関節をつつむまく

運動をなめらか
にする液

かたい骨

　しかし，いくら骨がじょうぶでも，無理な力がかかると折れてしまいます。骨
が折れても，手当てをして，しばらく大事にしていると，もとのようにくっつき
ます。

もっとくわしく　レントゲン（ヴィルヘルム・C・レントゲン）とX線

　1845年，今のドイツに生まれたレントゲンは，1895年に電気に関する新しい研究をしていました。そのとき，ぐ
うぜんにもある光線を発見しました。レントゲンはこの光線がどんなものでも通りぬける性質があることに気づき，
X線と名づけました。

　Xには「わからないもの」という意味があります。つまりX線とは「わけのわからない光線」ということです。こ
の光線を発見したレントゲンは，光線の性質には，まだまだわからないことが多いと感じて，X線と名づけたのです。

　レントゲンが発見したX線は，その後，わたしたちに多くの利益をもたらしてくれました。病院などでさつえいす
る“レントゲン写真”とは，このX線を利用したさつえい方法です。レントゲン写真のおかげで，手術をする前に，体
の中を調べることができます。すごい発見ですね！

- -

チェック 2　次の（　　　）にあてはまる言葉を書きましょう。　　　　🡆**答えは別冊p.10へ**

　　うでを曲げたりのばしたりするとき，筋肉が（　　　　　　　　　），
　（　　　　　　　　　　）して関節のところで骨を動かしています。
　　筋肉のはしは，（　　　　）にくっついています。

- -

ところで，動物の
骨や筋肉はどう
なってるの？

他の動物にも，同じよ
うに骨や筋肉，関節が
あるのか調べてみよ
う！

2 動物の骨と筋肉

授業動画は
こちらから 63

学校で飼っている小動物や，動物園のふれあい広場などにいる動物をさわったことがありますか。動きを見たり，実際にさわったりして動物の骨や筋肉を調べてみましょう。

動物にさわるときは，やさしくさわろうね。あばれたり，かんだりすることがあるので，気をつけよう！

動物をさわったあとは，必ず手を洗おうね！

🐾 動物の体の動くしくみ

ウサギなどの人以外の**動物の体にも骨，筋肉，関節があります。**これらのはたらきによって，人と同じように動物も体を支えたり動かしたりしています。

それでは，動物の体と人の体の動くしくみを比べてみましょう。

人の体の骨

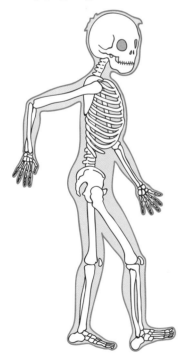

＜ウサギが走るようす＞

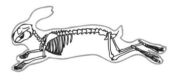

背骨や，前足と後ろ足をいっぱいにのばしている。

背骨を丸めて，体を縮ませる。

人は２本足で，ウサギは４本足で動きますが，人のうでの骨や足の骨と，ウサギの前足・後ろ足の骨の形は似ています。また，人とウサギの背骨や胸の骨の形も似ていますし，曲げるところなどの，動き方も似ています。

他の動物についても，見ていきましょう。

つけたし

人やウサギなどをほ乳類といい，ほ乳類の首の骨は７個でできています。だからキリンのような首の長い動物でも，首の骨は７個しかありません。ただし，例外もあるので他の動物についても調べてみましょう。

鳥は，空を飛ぶために便利な体のつくりになっています。例えば，**人のうでに あたる部分はつばさになっていて，つばさのつけ根にある胸の筋肉は，飛ぶために， 特別に発達しています**。また，骨の中には，すき間がたくさんあり，骨はとても 軽くなっています。

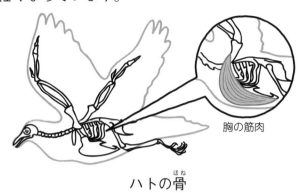

胸の筋肉

ハトの骨

ハトの胸の筋肉はこんなふ うになっているのね！

ヘビがくねくねとすべるように動くことができるのは，**骨の数がとても多く， 骨をつなぐ関節も多いからです**。一方，チンパンジーの骨は手が長く，手を地面 について歩きやすくなっています。

このように，**動物の骨や筋肉の形は，その動物の動きに合ったしくみになって いる**のです。

ヘビの骨

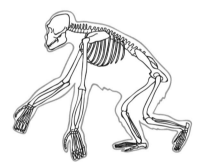

チンパンジーの骨

関節のような動きをするものが 身のまわりにはたくさんあるよ。 さがしてみよう！

電気スタンド

チェック **3**　次の（　　　　）にあてはまる言葉を書きましょう。　　➡**答えは別冊p.10へ**

　鳥やウサギなどの動物にも，骨や筋肉，（　　　　　　　　）があり，これらのはたらきで，体 を（　　　　　　　　）たり，支えたりしています。
　動物の骨や筋肉は，それぞれの動物の体の動きに合った（　　　　　　　　）になっています。

レッスン14 の 力だめし

➡️ 答えは別冊p.10へ

64

1 下の図で, うでを曲げたりのばしたりしたときに, ゆるむ筋肉と縮む筋肉を, それぞれ記号で答えましょう。

(1) ゆるむ筋肉
　　　　　（　　　　　と　　　　　）

(2) 縮む筋肉
　　　　　（　　　　　と　　　　　）

曲げるとき

のばすとき

ア

イ

ウ

エ

2 人とウサギの体のつくりを比べます。

(1) ウサギには体を曲げられるところはありますか, ありませんか。

　　　　　（　　　　　　　　　　　）

(2) ウサギについて, 正しいものをア～ウから1つ選びましょう。

　ア　ウサギには, 筋肉はあるが骨はない。

　イ　ウサギにも, 人と同じように骨や筋肉がある。

　ウ　ウサギには, 骨はあるが筋肉はない。　　（　　　　　　　）

3 骨には, 主に3つの役割があります。どんな役割があるのか, 下から3つ選んで○で囲みましょう。

体を動かす	目を動かす	体の内側を守る
顔の表情をつくる	体を支える	暑さを感じる

4 人や動物の体のつくりについて, 下から言葉を選んで答えましょう。

(1) 人やウサギなどの動物の体を支えているものは何ですか。

　　　　　　　　　　　　　（　　　　　　　　　　）

(2) 人やウサギなどが体を動かすことができるのは, 骨についている何のはたらきですか。
　　　　　　　　　　　　　（　　　　　　　　　　）

(3) ひじやひざなどにある, 骨と骨のつなぎ目を何といいますか。
　　　　　　　　　　　　　（　　　　　　　　　　）

骨	神経	筋肉	関節	なん骨

レッスン 15 ものの温度と体積・あたたまり方 〔4年〕

このレッスンのはじめに♪

　夏になると，自転車のタイヤがパンクすることがあるけれど，それはどうしてだろう？タイヤの中の空気に理由があるのかな？タイヤの中の空気はあたためられると，どのように変化するのだろう。レッスン15では，空気の他に，水や金属をあたためてどうなるかを実験していくよ。

1 ものの温度と体積

授業動画は
こちらから

空気や水，金属をあたためると体積が増え，冷やすと体積が減ります。
それぞれの体積の変わり方を比べてみましょう。

空気の温度と体積

少しへこませたマヨネーズの容器をあたためたり，冷やしたりしてみるとどうなる
でしょう。

あたためる

約60℃
の湯

どうなるん
だろう？

あたためた容器を冷やす

氷水

へこませた容器はあたためると，ふくらむことがわかります。それを冷やすと今度
は容器がへこみます。

あたためる。

冷やす。

ふくらむ

へこむ

いろいろな容器でためしてみ
よう！

その他，せんをした試験管をあたためると，中の空気の体積が増えて，せんが
飛びます。また，びんの口にせっけん水のまくをつけてあたためると，まくがふ
くらみます。冷やすとまくがへこみます。

ポイント 空気の温度と体積

空気をあたためると体積は増え，冷やすと体積は減る。

チェック 1 次の（　　　　　）にあてはまる言葉を書きましょう。　　🔈**答えは別冊p.11へ**

試験管の口にせっけん水のまくをつけて，中の空気をあたためると，せっけん水のまくは
（　　　　　），冷やすと，せっけん水のまくはへこみます。このことから，空気はあたためた
り，冷やしたりすると，（　　　　　）が変わることがわかります。

水の温度と体積

次に，水をあたためたり冷やしたりしてみましょう。

フラスコに水を入れ，ガラス管を通したゴムせんをします。

フラスコをあたためたり冷やしたりすると，ガラス管の中の水面はどうなるでしょう。

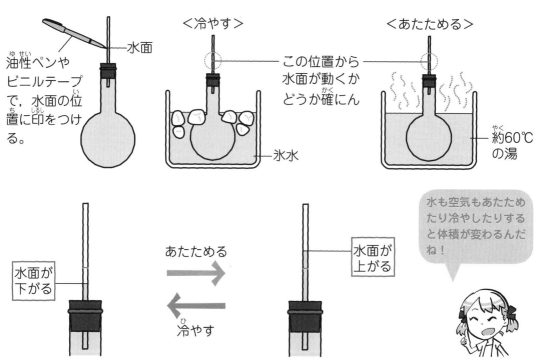

油性ペンやビニルテープで，水面の位置に印をつける。

＜冷やす＞

この位置から水面が動くかどうか確にん

氷水

＜あたためる＞

約60℃の湯

水面が下がる

あたためる

冷やす

水面が上がる

水も空気もあたためたり冷やしたりすると体積が変わるんだね！

水を入れたフラスコを**あたためると，ガラス管の中の水面は上がり，冷やすと水面が下がりました。**このことから，水も空気と同じで，あたためると体積が増え，冷やすと体積が減ることがわかります。

ポイント 水の温度と体積

水も空気と同じで，あたためると体積が増え，冷やすと体積が減る。
水の体積の変化は空気より小さい。

チェック 2　次の（　　　　　）にあてはまる言葉を書きましょう。　　📚答えは別冊p.11へ

水を入れてゴムせんをして，ガラス管を差したフラスコをあたためると，ガラス管の中の水面は上がり，冷やすと水面は（　　　　　）ます。水も空気と同じように，あたためたり冷やしたりすると（　　　　　）が変化します。

♣ 金属の温度と体積

　金属も空気や水と同じように，温度が変わると体積が変化します。次のような道具を使って，金属をあたためたり冷やしたりしてみましょう。

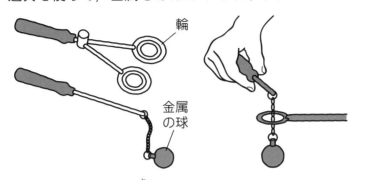

輪

金属の球

実験の前に金属の球が輪を通りぬけることを確かめておこう。

　まず，金属の球を熱したり冷やしたりして，球が輪を通るかどうか，調べてみましょう。

<球を熱する>

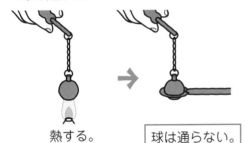

熱する。　　球は通らない。

熱すると体積が増えて輪を通らない。

<球を冷やす>

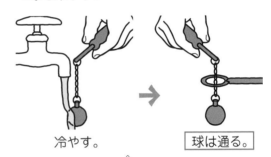

冷やす。　　球は通る。

冷やすと体積が減って輪を通る。

ポイント 金属の温度と体積

　金属も空気や水と同じように，あたためると体積が増え，冷やすと体積が減る。

　空気や水に比べて，金属の体積の変化はとても小さい。

鉄道のレールのつなぎ目は，のび縮みしてもいいように工夫されているんだって。

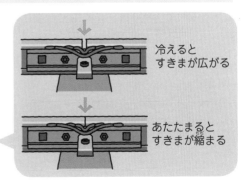

冷えるとすきまが広がる

あたたまるとすきまが縮まる

金属の体積の変化を確かめる道具を使って，金属の球を熱すると，球は（　　　　　　　　）なっ
て輪を通りぬけることができません。冷やすと小さくなって，楽に通りぬけるようになります。
金属もあたためたり，冷やしたりすると（　　　　　　）が変わります。

2 もののあたたまり方

授業動画は
こちらから

　金属のあたたまり方と，空気や水のあたたまり方はちがいます。どのようなち
がいがあるのか，金属から調べてみましょう。

金属のあたたまり方

＜金属の棒のあたたまり方＞

　金属の棒にろうをぬり，棒のはしや真ん中を熱して，ろうのとけ方を調べます。

熱したところから順にあたたまっていく。

＜金属の板のあたたまり方＞

　金属の板にろうをぬり，板のはしや真ん中を熱して，ろうのとけ方を調べます。

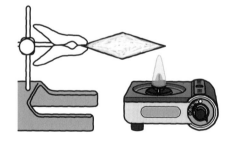 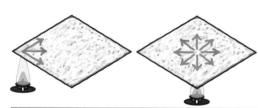

熱したところから順にあたたまっていく。

 金属のあたたまり方

　　金属は，熱せられたところから熱が伝わって，遠くの方へとあたたまってい
　く。形はちがっても熱したところから順に熱が伝わっていく。
　　順にあたたまっていくことを，伝導という。

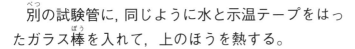

チェック 4　次の（　　　　　　　）にあてはまる言葉を書きましょう。　　📖答えは別冊p.11へ

　　金属は，熱せられたところから熱が（　　　　　　），順にあたたまっていきます。
　これを，（　　　　　　　）といいます。

🔵水のあたたまり方

　次に，水のあたたまり方を調べてみましょう。

＜実験＞

　水を入れた試験管に，示温テープ（温度で色が変わるテープ）をはったガラス棒を入れて，試験管の下のほうを熱して，色の変わり方を見る。

> 先に上のほうの色が変わり，その後，下のほうまで色が変わった。

下の方を
あたためたとき

示温テープ

　別の試験管に，同じように水と示温テープをはったガラス棒を入れて，上のほうを熱する。

> 上のほうだけ色が変わり，下のほうはなかなか色が変わらなかった。

上の方を
あたためたとき

　水を熱すると，あたたまった水が上へ動き，上にあった水が下へ動きます。**このようにして，水全体があたたまっていく**のです。

ポイント　水のあたたまり方

　水は，熱せられたところがあたたまり，温度が高くなる。温度の高くなった水が上へ動き，上のほうにあった温度の低い水が下へ動く。

　このようにして，水全体があたたまっていく。

🔵空気のあたたまり方

　空気も，水と同じようにあたたまっていくのでしょうか。

　暖ぼうしている部屋で，上のほうや，ゆか近くの空気の温度をはかってみましょう。

空気のあたたまり方

空気も水と同じように熱せられたところがあたたまり，温度が高くなる。温度の高くなった空気が上へ動き，上のほうにあった温度の低い空気が下へ動く。このようにして空気全体があたたまる。

水や空気のようなあたたまり方を対流という。

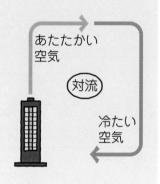

あたたかい空気

対流

冷たい空気

空にうかぶ熱気球は，あたためられた空気が上へ動く性質を利用しています。気球の中の空気をガスバーナーであたためることで，熱気球がふくらみ上へ上がります。熱するのをやめると，あたためられた空気が冷えて，下がります。気球の中の空気の温度を変えることで，上に行ったり下に行ったりすることができるのです。

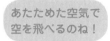

あたためた空気で空を飛べるのね！

実験用ガスコンロの使い方

加熱器具を安全に使おう！

①ガスボンベを取りつける ②火をつける ③火を調節する ④火を消す

切り込みのところを上にして

ガスボンベは切りこみのところを上にして正しく取りつけます。

カチッと音がするまで，つまみを回します。

つまみを回して，ほのおの大きさを調節します。

つまみを「消」まで回します。

授業動画は
こちらから

➡️答えは別冊p.11へ

1 水や空気の温度と体積について実験しました。

⑦水が入った丸底フラスコ　　⑦空気が入った丸底フラスコ

(1) 湯につけたとき，⑦の水面と⑦のゼリーでは，どちらが大きく動くでしょう。

（　　　　　　　　　　）

(2) 温度による体積の変化が小さいのは，水と空気のどちらでしょう。

（　　　　　　　　　　）

(3) ⑦のフラスコを氷水につけたときの水面のようすの正しいものを選びましょう。

①　　　　　　　②　　　　　　　③

（　　　　　）

2 下の①～③の図は，水を入れたビーカーに紅茶の葉を入れ，熱したときの葉の動きを調べたようすです。紅茶の葉は，どのように動くでしょうか。図に矢印を書きましょう。

①　　　　　　　　　　　②　　　　　　　　　　　③

レッスン16 水の変化 ［4年］

このレッスンのはじめに♪

　きのうあった水たまりの水がなくなっていることがあります。そして、空からはまた雨が降（ふ）ってきて、また水たまりができます。水はなくなったり、また現（あらわ）れたりしていますね。水はいったいどこにいっているのでしょう。水の姿（すがた）がどのように変わるのか、水の不思議（ふしぎ）を学習しよう。

1 水の姿

　水をあたためると中からあわが出たり，冷やすと氷になったり，水の姿はさまざまに変わります。水が姿を変えるのには，温度が関係しています。

水をあたためたときの変化

　水を熱すると，大きなあわがさかんに出てきます。このあわを水蒸気といいます。水蒸気は空気と同じように目に見えません。

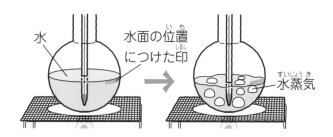

　また，**熱した水の内部からさかんにあわが出る状態を，ふっとう**といいます。**水は100℃になるとふっとうして，温度がこれ以上上がらなくなります。**

　水がふっとうしているときに出る**湯気は，水蒸気がまわりの空気に冷やされて，小さな水のつぶになったもの**です。湯気は空気中で再び水蒸気になって，目に見えなくなります。

　水を熱したときの変化を調べるために，あわや湯気を，観察してみましょう。

<実験>

湯気を調べる……水を入れたフラスコなどを使って，下のような装置を組み立てて，水をふっとうさせます。湯気が出ているフラスコの口の上に，金属のスプーンを近づけます。

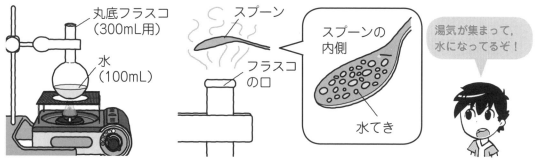

　しばらくすると，スプーンの内側に水てきがつきました。湯気の正体は，**水**だということがわかりました。

あわを調べる……水を入れたビーカーとふくろを使って下のような装置を組み立てます。そして，ふっとうしたときに出てくるあわを，ふくろに集めます。

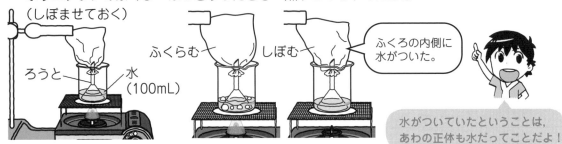

ポリエチレンのふくろ　ふっとうしたとき　熱するのをやめたとき
（しぼませておく）

ふくらむ　　しぼむ

ろうと　　水（100mL）

ふくろの内側に水がついた。

水がついていたということは，あわの正体も水だってことだよ！

チェック 1　次の（　　　）にあてはまる言葉を書きましょう。

答えは別冊p.11へ

水が熱せられてふっとうしているときに出てくるあわは（　　　　　）です。水は
（　　　　　　　）℃くらいでふっとうします。
水蒸気は空気と同じように，目に（　　　　　）。

水を冷やしたときの変化

冷やしたときの水の変化を，観察してみましょう。

＜実験＞

水の温度を調べる……水を入れた試験管をビーカーの中に立て，そのまわりに氷を入れ，食塩をまぜた水を氷にかけます。水の温度変化をグラフにしましょう。

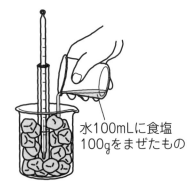

水100mLに食塩100gをまぜたもの

水を冷やしたときの温度の変化
（℃）

冷やした時間

0℃という温度は，水が氷になるときの温度をもとに，決められたんだ！

　水を冷やし続けて，**温度が0℃になると，こおり始めます。水がすっかりこおるまで，温度は0℃のまま変わりません。**水が全部氷になると，温度は0℃よりも低くなることがわかります。逆に，氷をあたためたとき，**氷がとけ始めてからすっかりとけるまでの温度も，0℃から変わりません。**

それでは，水が氷になったときに，体積はどのように変わるのか，調べてみましょう。

水が氷になるときの体積の変化を調べる……容器に入れた水をこおらせると，**体積が大きくなることがわかります。** 反対に，**氷がとけると，体積は小さくなります。**

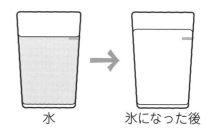

水 　　　　　氷になった後

水を入れたコップに氷を入れると，氷はうきますね。氷になると，体積が大きくなって水より軽くなるからです。

 水の３つの姿

水は，温度によって氷・水・水蒸気と，姿を変える。

水蒸気や空気のように，**自由に形を変えられて，目に見えない姿のものを，気体**という。

水やアルコールのように，**容器によって自由に形を変えられるものを液体**という。

氷や石，鉄のように**かたまりで，自由に形を変えられないものを固体**という。

もっとくわしく 水の正体はとても小さなつぶ

水があたためられ，水蒸気になって見えなくなったり，冷やされて水になると見えるようになったりするのは，水がとても小さなつぶからできているからです。

水は入れものの形に合わせて形が変わるけど，氷は形が変わらないのは，小さなつぶひとつひとつが自由に動くことができないからだね！

気体 つぶがバラバラになっている。ひとつひとつは見えない。

液体 つぶがよりそい合い，集まっている。目に見える。

固体 つぶが規則正しく並んでいる。

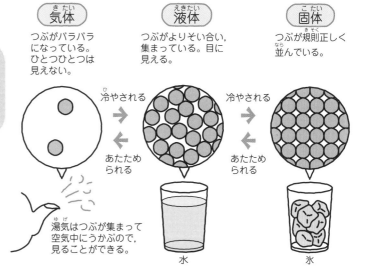

冷やされる／あたためられる

湯気はつぶが集まって空気中にうかぶので，見ることができる。

水 　　　　氷

チェック 2 次の（ 　　　 ）にあてはまる言葉を書きましょう。　　🐟**答えは別冊p.11へ**

水は冷やされて温度が下がり，（　　　　　　）℃になると，こおり始めます。全部の水がこおってしまうまで，温度は変わりません。全部の水がこおってしまうと，氷の温度はさらに（　　　　　　　　）。水は氷になると体積が（　　　　　　　）。

2 水のじゅんかん

授業動画は こちらから

雨や雪として地上に降った水の行くえは，大きく3つに分けることができます。

①地面にしみこみ，地下水になる。

②川にそそぎ，海や湖に流れこむ。

③水たまりの水や，海面や水面から，空気中に蒸発する。

🐾雨水の行くえと地面のようす

水は，高い場所から低い場所へと流れていきます。
一番低い場所に，水たまりができます。

このしくみを利用して，道路の
はい水口などは少し低い場所
につくって，水たまりができに
くくしているよ。

・雨水は，**高い場所から低い場所へ流れて，集まります。**

川の水の流れ

山などの高い場所で降った雨は，小さな川となって，低い場所に流れ，ほかの川といっしょになって，大きな川になります。そして，海へ流れていきます。

ポイント 土のつぶの大きさ

・雨水は，地面にしみこむ。

・土のつぶの大きさによって，水のしみこみ方がちがう。

	校庭の土	すな場のすな
つぶの大きさ	小さい	大きい
手ざわり	さらさら	ざらざら
水のしみこむ速さ	おそい	早い

もっとくわしく 川の水があふれないくふう

川底がコンクリートでできていると，水がしみこみにくいため，大雨が降ったとき，川の水があふれてしまいます。そのため，一時的に川の水をためられる施設（地下調節池）をつくるなどしてひ害をふせぎます。最近では，水がしみこみやすいコンクリートも開発され，利用されています。

チェック 3 雨水の行くえについて，（　　）にあてはまる言葉を書 **⇨答えは別冊p.12へ**
きましょう。

(1) 水たまりは，くぼ地など地面の高さが（　　　）場所にできる。

(2) つぶが小さい土よりも，つぶが大きいすなのほうが，水のしみこむ速さが（　　　）。

🫧空気中に出ていく水（蒸発）

　水が**水蒸気に変わって空気中に出ていくことを**蒸発といいます。水は熱しなくても蒸発して水蒸気になり，空気中に出て行きます。

＜実験＞

容器に入れた水の観察……２つの容器に同じ量の水を入れ，１つにはラップフィルムでふたをして，もう１つにはふたをしないで日なたに置きます。

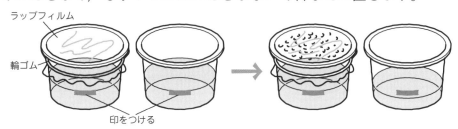

結果……２〜３日後，ふたがあるほうにはふたに水てきがつきましたが，水の量に変化はありませんでした。一方，ふたのないほうは水が減っていました。

　ふたをした容器の内側に水てきがついたのは，蒸発した水蒸気がもう一度，水になったからです。

　水は熱しなくても，水蒸気となって空気中に出て行くことがわかりました。

　今度は日なたと日かげにふたをしない容器を置いておき，水の減り方を見てみると，日かげより日なたのほうが水が少なくなっていました。このことから，日なたのほうが速く蒸発することがわかります。

気温が高い日なたのほうが，水が速く蒸発したんだね。

実験をするときは，ふたを「する」「しない」，「日なたにおく」「日かげにおく」のように，２つを比べるといいよ。

地面にしみこんだ水の観察……地面にとうめいな入れものをふせて，しばらく置いておきます。

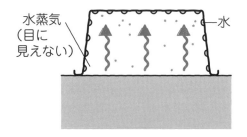

水蒸気（目に見えない）　水

結果……入れものの内側に水がつきます。これは，蒸発した水蒸気が水になったからです。

水はふっとうしなくても，蒸発するんだね！

もっとくわしく 蒸発とせんたく物

せんたく物がかわくのも，水たまりが，いつのまにかなくなるのも，水
が蒸発して空気中に出ていくからです。

ぬれたタオルの重さをはかると，780 gありました。かわかしてからはか
ると，200 gでした。蒸発で，580 gも空気中に出ていったことになります。

もっとくわしく しつ度

空気中の水蒸気の量のちがいは，しつ度で表します。

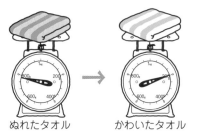

ぬれたタオル　　かわいたタオル

チェック 4　次の（　　　）にあてはまる言葉を書きましょう。　　➡答えは別冊p.12へ

同じ量の水を入れた容器を，日なたと日かげに置きました。2日後に水の量がより多く減って
いるのは（　　　　　）に置いたほうです。減った水は，（　　　　　）して水蒸気になり，
（　　　　　）に出ていきました。

🫧空気中から出てくる水（結ろ）

蒸発して空気中に出ていった水蒸気を，水にもどすことができるでしょうか。
水は，蒸発して**目に見えない水蒸気となって空気中をただよい**，冷やされると，
再び水のつぶに変わります。冷たいものに**空気中の水蒸気がふれて，水のつぶが
つくことを結ろ**といいます。

＜実験＞

空気中の水蒸気の観察

①かわいたコップに冷たい水を入れて，コップの外側のようすを調べます。

②外や室内など，他の場所でも，①と同じように調べます。

結果……どの場所に置いて調べても，コップの外側に水がつき
ます。これは，空気中の水蒸気が冷たい水で冷えたコップで冷
やされて水になり，コップに水てきがつくからです。

結ろ
している

寒い日に部屋の窓ガラスの内側がくもるのは，
部屋の空気中にふくまれていた水蒸気が冷たく
なった窓ガラスにふれて冷やされ，水になった
からだよ。

もっとくわしく 空にうかぶ雲

寒い日の朝，はいた息が白くなるのは，息にふくまれている水蒸気が冷たい空気に冷やされて，小さい水のつぶに
なるからです。空にうかぶ雲もこれと同じしくみでできています。上空はとても寒いので,地上から蒸発した水蒸気が,
冷やされて雲になるのです。

チェック 5　水が姿を変えて空気中に出ていくことがわかるのは，　　➡答えは別冊p.12へ
（ア），（イ）のどちらでしょう。

（ア）　地面にかぶせた容器の内側に水がつく。

（イ）　寒い日に窓ガラスに水がつく。　　　　　　　　　　　（　　　　　　　）

レッスン16 の力だめし

授業動画は
こちらから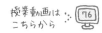

➡ 答えは別冊p.12へ

1 水を熱したときのことについて答えましょう。

(1) 水をふっとうさせたとき，水の中から出てくるあわは何ですか。□の中から選びましょう。

| 湯気　　水蒸気　　氷 |

（　　　　　　　　）

(2) (1)のあわは，気体・液体・固体のどれですか。（　　　　　　　　）

(3) 水がふっとうする温度はおよそ何℃ですか。　（　　　　　　　　）

2 水を冷やしたときのことについて答えましょう。

(1) 水がこおり始めるのは何℃ですか。　　　　（　　　　　　　　）

(2) 水を冷やして氷になったとき，水はどのように変化しましたか。□から選びましょう。

| 気体から液体　　　気体から固体　　　液体から固体　　　液体から気体 |

（　　　　　　　　）

(3) 水が氷に変化すると，体積は大きくなりますか，小さくなりますか。

（　　　　　　　　）

3 同じ量の水を入れたコップを日なたと日かげに置きました。

(1) 2日後に，一番水の量が減っているのは⑦〜⑤のどれですか。

（　　　　　　　　）

(2) ⑥と⑤のふたの内側には何がつきますか。　（　　　　　　　）

(3) 水の蒸発が速いのは，日なたと日かげのどちらですか。（　　　　　　）

4 雨や雪として地上に降った水の行くえについて答えましょう。

(1) 水はどんな場所からどんな場所に流れていきますか。

（　　　　　場所から　　　　　場所）

(2) 地面へ水がしみこむ速さは，土のつぶの大きさがどんなときに早く，どんなときにおそくなりますか。

（　　　　　　　ときに早くなり，　　　　　ときにおそくなる）

レッスン 17 天気の変化 ［5年］

このレッスンのはじめに♪

　ここから5年生の勉強が始まります！　まずは、雲のようすや動き、天気の変化についていっしょに学んでいきましょう。

1 天気の変化と雲のようす

🌏天気と雲の関係

遠足の日の朝に，空を見上げてその日の天気を予想したことはありませんか。雲ひとつない青空だと「今日は晴れだ」と思ったり，雲が多くて空が暗いと「今日は雨が降るかも…」と感じたりします。

天気予報に出てくる「晴れ」や「くもり」は，どのように決められているのでしょうか。

天気は，**空をおおう雲の量**で決められています。右の図は，全天球カメラで空全体をさつえいしたものです。

雨や雪が降っていないとき，**空全体の広さを10として，雲におおわれている広さが0～8のときを「晴れ」，9～10のときを「くもり」**といいます。

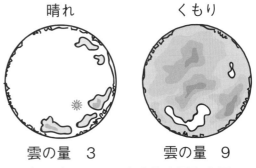

晴れ　　　　　　くもり

雲の量　3　　　　　雲の量　9

全天球カメラで空全体を写した図

🌏天気と雲のようす

天気は，雲の量が増えたり減ったりすることや，雲の動きによって変化しています。雲にはいろいろな色や形があり，1日の間でもようすが変わります。

 ポイント いろいろな雲の形

- **積乱雲**（入道雲，かみなり雲）

  …雨や雪を降らせる，夏によく見られる雲。かみなりをともなった大雨を降らせることもある。

- **けん雲**（すじ雲）

  …上空の風が強い，よく晴れた日に見られることが多い。

- **乱層雲**（雨雲）

  …黒っぽい色で空一面に厚く広がる雲。雨や雪を降らせる。

❷ 天気の変わり方

天気の変化は雲のようすや動きと関係しています。

テレビや新聞で目にする天気予報は，雲のようすだけでなく，**気象衛星**やアメダスなどといった天気に関する情報をもとにつくられています。

 ## いろいろな気象情報

・気象衛星の雲画像…気象衛星とは，気象を観測するための人工衛星のこと。気象衛星から，地球上空の広いはんいの雲のようすや動きをとらえ，そのデータをもとにしてつくられた画像。白く見える部分は雲である。

（気象庁提供：画像一部加工）

・アメダスの雨量情報…アメダスとは，日本各地にある気象観測装置で，雨量・風向・風速・気温・日照時間などを自動的に観測，集計するしくみ。1時間に降った雨の量が，色分けして示されている。

（日本気象協会 ✿tenki.jp）

新聞やインターネットなどで，これらの気象情報を集めることができるよ。

雲画像は，雲の動きがよくわかるわ。いろいろな日付の画像を追ってみよう。

 天気予報のおかげで，1日の天気を予測して，傘を持っていったり洗たくものを干したりできるね。

雲の動きや雨の降っている地域について，天気の変わり方を見てみましょう。下の写真は，同じ時刻の気象衛星の雲画像とアメダスの雨量を表したものです。18日から19日にかけて，天気の変わるようすがわかります。

2015年3月18日

（気象庁提供：画像一部加工）

（日本気象協会 tenki.jp）

2015年3月19日

（気象庁提供：画像一部加工）

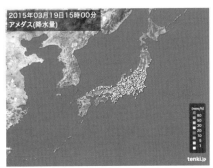

（日本気象協会 tenki.jp）

　気象衛星の雲画像を見ると，**雲は西から東へ**動いています。またアメダスの雨量情報から，雲の動きにともない，**雨の降る地域も西から東へ**移動しているのがわかります。

　西の空に雲が少なく夕やけがきれいに見えると，次の日は晴れだといえるのは，雲が西から東へ動いているからなのです。

> 雲が動くのにしたがって，雨の降っている地域も変わっていくね。

もっとくわしく

日本付近の上空には，西から東へ向かう大きな空気の流れがあります。この空気の流れのえいきょうを受けて，雲のかたまりや台風は，日本付近を西から東へと移動していきます。

チェック1　次の問題に答えましょう。　　　　　　　　　　　👉**答えは別冊p.12へ**

（1）　空全体をおおう雲の広さが7のとき，天気は晴れですか。くもりですか。　（　　　　　　　）

（2）　日本付近の天気はどちらからどちらの方角へ変わっていきますか。

（　　　　から　　　　）

3 季節ごとの天気

日本付近の天気は，季節によって特ちょうがあります。

🍡季節ごとの天気の特ちょう

・**春，秋**…天気は周期的に変わります。

・**夏**…雲が少なく，**晴れて暑い日**が続きます。
昼は晴れていても，**積乱雲**が発生し，夕
方に急に強い雨（**夕立**）が降ることがあり
ます。また，夏から秋にかけて，**台風**が
来ることもあります。

2014年7月27日
（気象庁提供：画像一部加工）

・**冬**…**日本海側**では，雲が増え，雪の降る日が
多くなります。
太平洋側では，晴れる日も多くなります。

夏と冬では，雲の形が
全然ちがうわね

2015年1月28日
（気象庁提供：画像一部加工）

🍡梅雨（つゆ）

6〜7月ごろには，**雨やくもりの日が続く**よう
になります。また，雨の降る量も多くなります。
これは，日本の上空で帯状の雲が**切れ目なく東西
にのびて日本の空をおおう**からです。

2014年6月22日
（気象庁提供：画像一部加工）

もっとくわしく

集中ごう雨とは，せまい地域で，短時間にとても強い雨が降ることをいいます。
集中ごう雨は，大きく発達した積乱雲（入道雲）によって起こります。天気予報などにより前もって情報を得られ
やすい台風とちがって，集中ごう雨は事前の予測が難しく，ひ害が大きくなることがあります。

授業動画は
こちらから 80

4 台風

 ## 台風の動き

　台風は日本のはるか遠くの南の海上で発生し，はじめは西の方へ動きます。夏から秋にかけて発生した台風は，その後，北や東のほうへ向きを変え，日本列島に沿って動くことが多いです。

　台風が近づくと強風や大雨で，天気のようすが大きく変わります。川のはんらんや強風により，各地でひ害が起きることもあります。

　台風が過ぎ去ると，雨や風はおさまり，おだやかに晴れることが多いです。

過去に発生した台風の月ごとの主な進路

9月
8月
7月
11月　　　　10月　6月

台風の大雨で川がはんらんして，こう水になることもあるんだって。

2014年10月12日

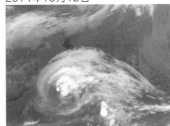

（気象庁提供：画像一部加工）

（日本気象協会 tenki.jp）

水不足になったダムが，台風の大雨で水がたくわえられたこともあるの。台風の雨に助けられることもあるのね。

2014年10月13日

（気象庁提供：画像一部加工）

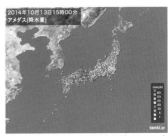

（日本気象協会 tenki.jp）

2014年10月14日

（気象庁提供：画像一部加工）

（日本気象協会 tenki.jp）

🌀台風の進路予想

　風速が**秒速25 m以上**になるはんいを<ruby>暴風域<rt>ぼうふういき</rt></ruby>といいます。暴風域では，立っていられなくなるほどの強い風がふきます。

台風の予想進路の例

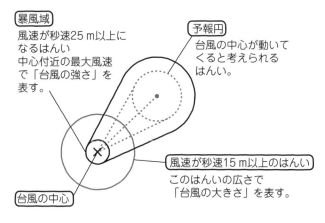

〔暴風域〕
風速が秒速25 m以上になるはんい
中心付近の最大風速で「台風の強さ」を表す。

〔予報円〕
台風の中心が動いてくると考えられるはんい。

台風の中心

〔風速が秒速15 m以上のはんい〕
このはんいの広さで「台風の大きさ」を表す。

　台風の中心が，予想する時間に達する可能性が70％以上あるはんいを<ruby>予報円<rt>よほう</rt></ruby>といいます。上の図の点線の円で示されているところです。

🌀台風の目

　台風は，**時計の<ruby>針<rt>はり</rt></ruby>と反対向き（左<ruby>巻<rt>ま</rt></ruby>き）に回転**しながら進みます。台風の進む方向の右側では，左側よりも強い風がふきます。そのため，右側にあたる<ruby>地域<rt>ちいき</rt></ruby>のほうが，台風のひ害が大きくなるおそれがあります。

ひ害が小さい

台風の進む方向

ふきこむ風の方向

とても強い風

ひ害が大きい

　台風は回転しているので，雲はうずまきの形をしています。この台風の雲のかたまりの中心には，**<ruby>穴<rt>あな</rt></ruby>のあいた部分**があります。これを**台風の目**といいます。台風の中心付近では強い風がふき，大雨が<ruby>降<rt>ふ</rt></ruby>っていても，**台風の目の<ruby>真下<rt>ました</rt></ruby>では，雨や風がほとんどありません。**

　また，台風にふきこむ風が強いほど，台風の目ははっきり見えます。

台風の目

<ruby>チェック<rt></rt></ruby>2　次の問題に答えましょう。　　　　　　　　　　📖答えは別冊p.12へ

（1）　台風は日本の南の海上で発生したあと，はじめはどの方角に動きますか。　　（　　　　　　）

（2）　台風の風速が秒速25 m以上になるはんいを，何といいますか。　　（　　　　　　）

レッスン17 の力だめし

  81

1 雲と天気の関係について正しいものを次のア〜エから選び，記号で答えましょう。

　ア　空にはいろいろな種類の雲が見られるが，1日の間でも形や量は変わらない。

　イ　1日の間で見られる雲の種類は1種類である。

　ウ　雲の量が変化したり，雲が動くことで天気は変化する。

　エ　雲の量が変わっても，形が変わらなければ天気は変わらない。

（　　　　　　　　）

2 次の雲画像とアメダスの雨量情報を見て，次の問題に答えましょう。

(1)　この日の天気を答えましょう。

仙台（　　　　　　　）

大阪（　　　　　　　）

(2)　雲画像の白いかたまりは何を表していますか。　　　（　　　　　　　）

(3)　これらの画像の次の日の仙台の天気はどうなると考えられますか。またなぜそのように考えましたか。

天気（　　　　　　　）

理由（　　　　　　　　　　　　）

雲画像

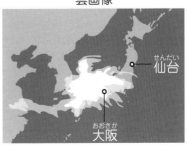

アメダスの雨量情報

3 台風について，次の（　　　　）にあてはまる言葉を答えましょう。

(1)　台風は（　　　　　　　）から秋にかけて日本に近づきます。

(2)　台風は，はじめ（①　　　　　　　　）の方角へ向かいますが，その後（②　　　　　や　　　　　　　）の方角へ動くことが多いです。

(3)　大雨や強風で多くのひ害が出ることもありますが，ダムの（　　　　　）が解消されるなど，わたしたちにめぐみも，もたらします。

植物の発芽と成長

[5年]

このレッスンのはじめに♪

春になると，いろいろな植物が芽を出しますね。
レッスン18では，種子が発芽し大きく成長していくための条件を学びましょう。

1 発芽のひみつ

植物の種子が芽や根を出すことを発芽といいます。

植物の種を買ってきて、そのまま袋の中に入れたままでは、芽が出ませんね。種子が発芽するためには、どんな条件が必要なのでしょうか。インゲンマメの種子で見ていきましょう。

実験を始める前に

種子の発芽に必要な条件が、「水」「空気」「適当な温度」のどれかであるとします。「水」「空気」「適当な温度」、それぞれの条件が必要かどうかを知りたいときは、実験をするときに、1つの条件だけ変えて、残り2つの条件は同じにします。2つ以上の条件を変えると、必要な条件がわからなくなってしまうので、注意しましょう。

・水が必要かどうかを調べる　→水あり・なしの実験（空気・温度は変えない）
・空気が必要かどうかを調べる→空気あり・なしの実験（水・温度は変えない）
・温度が必要かどうかを調べる→適当な温度と低温の実験（水・空気は変えない）

水は発芽に必要か

だっし綿を入れた容器にインゲンマメの種子をまき、室内に置きます。

発芽に水が必要かどうかを調べるために、**水の条件だけを変えてみましょう。**アのだっし綿だけを水にしめらせて、イの容器には水をあたえず、それぞれの容器を室内のあたたかいところに置きます。**「まわりの温度」**と、**「空気にふれていること」の条件は同じ**にしましょう。

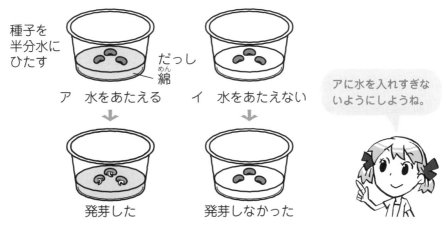

種子を半分水にひたす

だっし綿

ア　水をあたえる　　イ　水をあたえない

発芽した　　　　　発芽しなかった

アに水を入れすぎないようにしようね。

実験後、アの水をあたえたインゲンマメの種子だけが発芽しました。この結果から、 植物の発芽には水が必要 であることがわかりました。

また、この条件で発芽したということは、**発芽には土や肥料などの養分は必要ない**ということもわかりました。

♣空気は発芽に必要か

発芽に空気が必要かどうかを調べるために，**空気の条件だけを変えてみま**しょう。ウはだっし綿を入れ，水にしめらせます。エは種子を水の中にしずめ，空気にふれないようにします。それぞれの容器は室内のあたたかいところに置きます。今回は，「水をあたえるか」と「まわりの温度」を同じ条件にします。

種子を半分水にひたす　種子を水にしずめる

ウ　空気にふれる　　　エ　空気にふれない

発芽した　　　　　発芽しなかった

実験後，ウの空気にふれている種子だけが発芽しました。この結果から，種子の発芽には空気が必要であることがわかりました。

♣適当な温度は発芽に必要か

発芽に適当な温度が必要かどうかを調べるために，**まわりの温度の条件だけを変えてみ**ましょう。それぞれの容器にしめっただっし綿を入れ，インゲンマメの種子をまいたあと，オは室内に，カは冷蔵庫に置きます。冷蔵庫の中は暗いので，オも箱をかぶせて暗くしておきましょう。今回は，「水のあたえ方」と「空気にふれていること」の条件を同じにします。

箱をかぶせて暗くする

オ　室内（20℃くらい）に置く　　カ　冷蔵庫（5℃くらい）に置く

発芽した　　　　　発芽しなかった

実験後，オの室内に置いた種子だけが発芽しました。この結果から，種子の発芽には適当な温度が必要であることがわかりました。

また，暗いところでも発芽したということは，**発芽には光は必要ない**ということともわかりました。

<実験のまとめ>

条　　件			結　果
水	空　気	適当な温度	発芽
○	○	○	○
×	○	○	×
○	×	○	×
○	○	×	×

種子の発芽に必要な条件

① 水
② 空気
③ 適当な温度

条件が１つでもかけると，種子は発芽しないよ。

つけたし
インゲンマメの代わりに大豆，トウモロコシの種子でも調べることができます。
もっとくわしく
日本の多くの植物の発芽に適した温度は，20～30℃くらいです。

- -

チェック 1　次の問題に答えましょう。　　　　　　　　　　📖**答えは別冊p.13へ**

（1）　種子が芽や根を出すことを何といいますか。　　　　　　　（　　　　　　）
（2）　芽や根が出るのに必要な３つの条件は何ですか。（　　　　　・　　　　　・　　　　　）

2 種子のつくりと養分

授業動画はこちらから

　種子は，肥料などの養分をあたえなくても発芽することがわかりました。

　では，発芽に必要な養分はどこにあったのでしょうか。インゲンマメの種子のつくりを見ていきましょう。

🫘種子のつくり

　インゲンマメの種子には，発芽すると葉やくきや根になる部分と，発芽のための養分をたくわえている子葉という部分があります。

養分がふくまれている部分（子葉）

葉・くき・根になる部分

　発芽したあと，葉やくきや根になる部分は大きく成長していき，子葉はしぼんで小さくなっていきます。

なぜ子葉はしぼんでしまったんだろう。

子葉

子葉

種子

🫘種子の養分

　右の図は，１日中水にひたしてやわらかくしておいた，発芽前のインゲンマメの種子の皮をむいて，縦に割ったものです。

　切り口に**ヨウ素液**をかけてみると，子葉の部分が**青むらさき色**に変化しました。

　このことから，発芽前の種子の子葉には，**でんぷん**という養分がふくまれていることがわかりました。

　発芽してしばらくたった子葉にヨウ素液をかけても，子葉の**色はほとんど変化しません。**

　これは，子葉の中にでんぷんがあまり残っていないことを表しています。このことから，**子葉のでんぷんが発芽するときの養分として使われた**ことがわかりました。

発芽前の種子

ヨウ素液

発芽してしばらくたった子葉

ヨウ素液

養分として使われたから，子葉がしぼんだのね。

ポイント ヨウ素でんぷん反応

　ヨウ素液は，でんぷんにふれると**青むらさき色**に変化する。これを**ヨウ素でんぷん反応**という。

　でんぷんは，植物だけでなく動物にも必要な養分の１つで，米や小麦，イモ類に多くふくまれている。

<でんぷんの調べ方>
①調べたいものを，切る（ご飯などはそのままでよい）。
②切り口にヨウ素液をかける。うすめたヨウ素液にひたしてもよい。
　（消毒用のヨードチンキを水でうすめたものを使ってもよい。）
③色の変化のちがいを調べる。
　→でんぷんがあれば，青むらさき色に変化する。

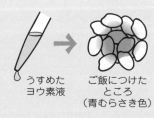
うすめたヨウ素液
ご飯につけたところ（青むらさき色）

うすめたヨウ素液

うすめたヨウ素液をたらしたジャガイモ

（1）　インゲンマメの種子は, でんぷんをどの部分にたくわえていますか。　　（　　　　　）
（2）　ヨウ素液は, でんぷんにかけると何色に変わりますか。　　　　　　　　　（　　　　　）

3 成長の条件

授業動画は
こちらから

　発芽したあとの植物に水をやらないと, そのままかれてしまいますね。また, 室内の日の当たらない場所に置いたままにしておくと, どんなに水や肥料をあたえても, 元気がなくなります。

　発芽した植物が成長を続けるためには, 何が必要なのでしょうか。

　条件を変えて, インゲンマメのなえの育ち方を見てみましょう。

🌱日光と成長の関係を調べる

<実験>①同じ大きさに育ったなえを
　　　　２本用意し, 肥料が入って
　　　　いない土（パーライトなど）
　　　　に植えかえる。

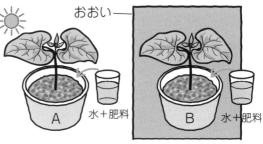

おおい

水＋肥料　　　　水＋肥料

　　　　②１本は室内の日光のよく
　　　　当たる場所へ, もう１本
　　　　はおおいをかぶせて日光が当た
　　　　らないところへ置く。

日光が必要かどうか調べた
いから, 日光以外の条件は
同じにしよう。

　　　　③２本とも同じように肥料をとか
　　　　した水をあたえて, １～２週間
　　　　後に成長のようすを調べる。

<結果>

	同じ条件	変える条件		結　果
A	・水をあたえる	日光	あり	緑がこく, 葉の数も多い。くきは太く, 全体に大きく広がって育つ。
B	・肥料をあたえる		なし	黄色やうすい緑色で, 葉の数は少ない。くきは細いが, 背は高く, ひょろひょろのびる。

　日光の当たっていたAのほうが, 日光の当たっていないBよりよく育った。

肥料と成長の関係を調べる

＜実験＞ ①同じ大きさに育ったなえ
を２本用意し，肥料が
入っていない土（パーラ
イトなど）などに植えか
える。

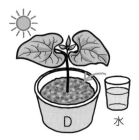

C 水＋肥料　　　　D 水

②２本とも，室内の日光
のよく当たる場所へ置く。

③１本は肥料をとかした水をあたえ，
もう１本は水だけをあたえる。
１～２週間後に成長の様子を調べる。

肥料以外の条件は
同じにしたよ。

＜結果＞

	同じ条件	変える条件		結　果
C	・水をあたえる	肥料	あり	緑がこく，葉の数は多い。大きく育つ。
D	・日光を当てる		なし	緑がこく，葉の数は少ない。大きく育たない。

肥料をあたえたＣのほうが，肥料のないＤよりよく育ちました。

ポイント
植物が成長する条件

植物の成長には，発芽するための条件と同じ，
❶　水　　❷　空気　　❸　適当な温度
が必要です。さらに，

どの条件が欠けても
植物はうまく育たないよ。

❹　日光　　❺　肥料
をあたえることが大切です。

チェック **3**　　次の問題に答えましょう。　　　　👉答えは別冊p.13へ

（1）　発芽後，植物がさらに成長するためには，発芽に必要な①水，②空気，③適当な温度の他に，
何が必要ですか。２つ答えましょう。　　　　　　　　（　　　　・　　　　）

（2）　発芽後，肥料をとかした水をあたえ，日光の当たらないところに置いたインゲンマメはど
うなっていますか。
（　　　　　　　　　　　　　　　　　　　　　　　　　　　）

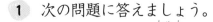レッスン18 の力だめし

➡ 答えは別冊p.13へ

1 次の問題に答えましょう。

(1) 土などにまいた種子が芽や根を出すことを何といいますか。

（　　　　　　　）

(2) 次のうち，芽や根が出るものを1つ選び，記号で答えましょう。

ア　25℃　しめった土　　イ　5℃　しめった土　　ウ　25℃　かわいただっし綿

（　　　　　　　）

(3) 種子が芽や根を出すためには，水の他に何が必要ですか。
すべて答えましょう。　　　（　　　　　　　　　　　　　）

2 右の図は，インゲンマメの種子と成長した
インゲンマメを比べたものです。

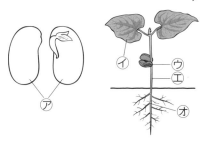

(1) 種子の㋐の部分は，成長したインゲンマ
メの㋑〜㋔のどの部分になりますか。

（　　　　　　　）

(2) ㋐と㋒の部分にヨウ素液をかけました。
それぞれどのように色が変化しますか。　㋐（　　　　　　　　）
㋒（　　　　　　　　）

3 下の図のように，3本のインゲンマメを育てました。

(1) 実験に使う土は，何がよ
いですか。次のア〜ウから
選びましょう。

Ⓐ 明るいところに置く 水+肥料　　Ⓑ 明るいところに置く 水　　Ⓒ おおいをする 水+肥料

　　ア　パーライト
　　イ　校庭の土
　　ウ　畑の土　　（　　　　）

(2) 次の①，②の条件を調べるためには，どれを比べればよいですか。それ
ぞれⒶ〜Ⓒから2つずつ選びましょう。
①植物の成長には，肥料が必要である。　　（　　　と　　　）
②植物の成長には，日光が必要である。　　（　　　と　　　）

レッスン19 メダカの誕生 ［5年］

このレッスンのはじめに♪

　魚は卵で生まれてから，どのように成長していくのでしょう。メダカの命が受けつがれていくようすを見ていきましょう。

　けんび鏡の使い方についても学んでいきます。

① メダカのおすとめすの見分け方

授業動画は こちらから 86

　メダカのおすとめすは，**ひれの形**で見分けることができます。下の2ひきを比べてみましょう。

　おすの背びれには，**つけ根に切れこみ**がありますが，めすにはありません。また，**おすのしりびれ**はめすよりも**大きく**，**平行四辺形に近い形**をしています。**めすのしりびれ**はおすよりも**はばがせまく**，**後ろが短く**なっています。

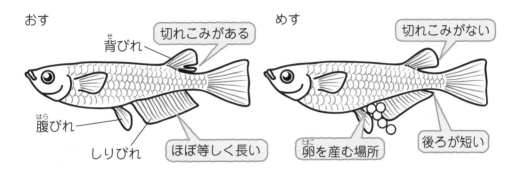

おす
背びれ
切れこみがある
腹びれ
しりびれ
ほぼ等しく長い

めす
切れこみがない
卵を産む場所
後ろが短い

🐾 メダカの飼い方

・水そうは，**日光が直接当たらない明るいところに置く**。
・水は，**くみおきの水道水**（1日置いたもの）や池の水を使う。
・水がよごれたら，**半分くらいの量**を入れかえる。
・**かんそうミジンコ**などのえさを，**食べ残さないぐらいの量**で毎日1～2回あたえる。

　メダカは，水温が**25℃**くらいに上がる春から夏にかけて，活発に動き，卵を産みます。卵を産むように，**おすとめすを同じ水そうで飼いましょう**。

チェック **1**　次の問題に答えましょう。　　　　　　🐟**答えは別冊p.13へ**

　(1)　メダカのしりびれが平行四辺形に近い形をしているのは，おす，めすのどちらですか。

（　　　　　　　　　　）

　(2)　卵を産むのに適した水温は何℃くらいですか。　（　　　　　　℃くらい）

② メダカの卵

授業動画は
こちらから

めすは卵を産む時期が近づくと，**おなかが大きくなってきます**。やがて，しりびれの前から**卵**（卵ともいう）を産みます。

めすのおなかに卵がついた状態で，おすが**精子**をかけると，卵は育ち始めます。このように，**卵と精子が結びつくことを受精**といい，**受精した卵を受精卵**といいます。

そのあと，めすは**水草**などに卵を産みつけます。産みつけられた卵は，2日目くらいで，体の形が大まかにできてきます。7日目くらいには，心臓の動きや血液の流れがよく見えるようになります。

そして11日目くらいには，卵のまくを破って，子メダカが出てきます（ふ化）。

🔬観察しよう

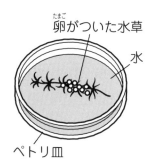

卵がついた水草

水

ペトリ皿

水そうから，卵のついた水草を切りとって，水の入ったペトリ皿に移します。

ペトリ皿のような厚みのあるものを観察できる，**解ぼうけんび鏡**や**そう眼実体けんび鏡**などを使って，卵やその中を観察します。

1～2日おきに様子を記録していきましょう。

接眼レンズ

ステージ

調節ねじ

反射鏡

アーム

解ぼうけんび鏡

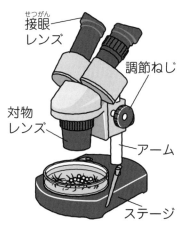

接眼レンズ

調節ねじ

対物レンズ

アーム

ステージ

そう眼実体けんび鏡

解ぼうけんび鏡は，そう眼実体けんび鏡よりも使い方がカンタンなんだ。

メダカの卵の変化

受精直後

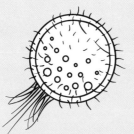

あわのようなものが見える。水草につきやすくするようにまわりに毛がある。

1日目

体になる部分

養分のある部分

あわのようなものが1つにまとまる。

2日目

体のもとになるものが見える。目もできてくる。

4日目

心臓や血液が見えてくる。

7日目

心臓の動きや血液の流れがよくわかる。

9日目

卵の中でよく動くようになる。

11日目

体をのばすように動かして卵の一部を破る。

体を動かすうちに全身が出てくる。

3 子メダカの成長

メダカの受精卵の中には，メダカが育つための**養分**が入っています。その**養分を使って卵は育ち，メダカが誕生する**のです。

卵からかえったばかりの子メダカは**4〜5mm**くらいの大きさで，**おなかに養分の入ったふくろ**があります。2〜3日はえさを食べず，この養分を使って育ちます。たくわえられた養分がなくなると，おなかのふくらみがなくなり，自分でえさを食べるようになります。

産まれた子メダカは大きくなってやがて親になり，卵を産むことで，生命が受けつがれていきます。

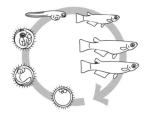

メダカ以外の魚も，卵を産んで子孫をふやしていくよ。

メダカ以外にも卵で産まれてくる生物はたくさんいます。わたしたちがよく口にする卵はニワトリの卵，イクラはサケの卵，カズノコはニシンの卵です。

では，魚は一度にどれだけの卵を産むのでしょうか。

- メダカ……10〜30個
- サケ（イクラ）……1000〜4000個
- ニシン（カズノコ）……2万〜4万個
- チョウザメ（キャビア）……13万〜100万個

魚によって，産む卵の数にずい分ちがいがありますね。これは，実際に成長しておとなの魚になれるまでには危険が多く，生きることが難しい生物ほどたくさんの卵を産むからだと考えられています。厳しい自然のかんきょうの中では，卵からかえることが難しく，せっかく生まれてきても他の生物に食べられてしまったりするのです。

- -

チェック2 次の問題に答えましょう。　　　　　　　　　🖙**答えは別冊p.13へ**

（1）めすが産んだ卵が，おすが出す精子と結びつくことを何といいますか。

（　　　　　　　　　　）

（2）卵からかえったばかりの子メダカは，おなかに何をたくわえていますか。

（　　　　　　　　　　）

- -

👀観察しよう

　小さな生物を見るためには，けんび鏡が便利です。けんび鏡の正しい使い方を学び，いろいろな生物を観察してみましょう。

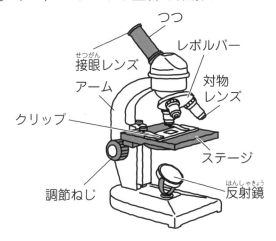

つつ
接眼（せつがん）レンズ
アーム
クリップ
レボルバー
対物レンズ
ステージ
調節ねじ
反射鏡（はんしゃきょう）

目をいためるから，日光が直接（ちょくせつ）当たるところで使わないでね！

①プレパラートをつくる（ **もっとくわしく** で解説）。

②けんび鏡を日光が直接（ちょくせつ）当たらない水平な台の上に置き，明るい方向に向ける。

③対物レンズを一番低い倍率（ばいりつ）にし，明るく見えるように，反射鏡（はんしゃきょう）の向きを変える。

④プレパラートをステージの中央に置いて，クリップで止める。

⑤横から見ながら調節ねじを回し，対物レンズとプレパラートをできるだけ近づける。

⑥接眼（せつがん）レンズをのぞきながら，調節ねじを逆に回し，対物レンズとプレパラートの間を少しずつ広げて，はっきり見えたところで止める。

⑦観察したい部分が中央に見えるように，プレパラートを動かす。

もっとくわしく　プレパラートのつくり方
①観察したいものをスライドガラスにのせる。水が必要なときは1～2てき落とす。
②あわが入らないようにカバーガラスを静かにかける。
③ろ紙などで，はみ出した水をすい取る。

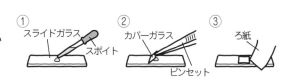

① スライドガラス　スポイト
② カバーガラス　ピンセット
③ ろ紙

・けんび鏡で見ると，上下，左右が逆に見える。

・けんび鏡の倍率＝接眼レンズの倍率×対物レンズの倍率。

レッス 19 の 力だめし

答えは別冊p.13へ

1 次の図は，メダカのおすとめす，どちらでしょう。

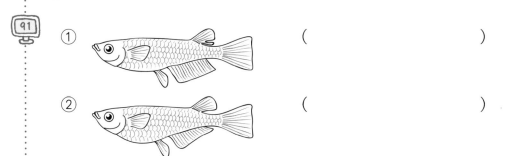

① (　　　　　　　　　)

② (　　　　　　　　　)

2 メダカがたまごからふ化するまでの順番に①〜⑧を並びかえましょう。

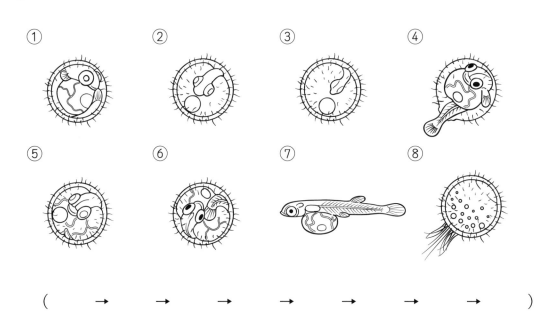

(　 → 　 → 　 → 　 → 　 → 　 → 　)

142

3 次の文章の（　）にあてはまる言葉を，下から選んで答えましょう。

　めすのメダカのおなかに卵がついている状態で，（①　　　　　　　　）のメダカが（②　　　　　　　　）をかけると，卵は受精して（③　　　　　　　　）になります。

[　　おす　　　受精　　　全卵　　　めす　　　精子　　　受精卵　　]

4 卵の中でのメダカの成長と，植物の種子の発芽のようすを比べて，似ているところを書きましょう。

```
┌─────────────────────────────────────────┐
│                                         │
│                                         │
│                                         │
│                                         │
│                                         │
│                                         │
└─────────────────────────────────────────┘
```

5 次の図のア〜ウにあてはまる名前を下の　　　　から選んで答えましょう。

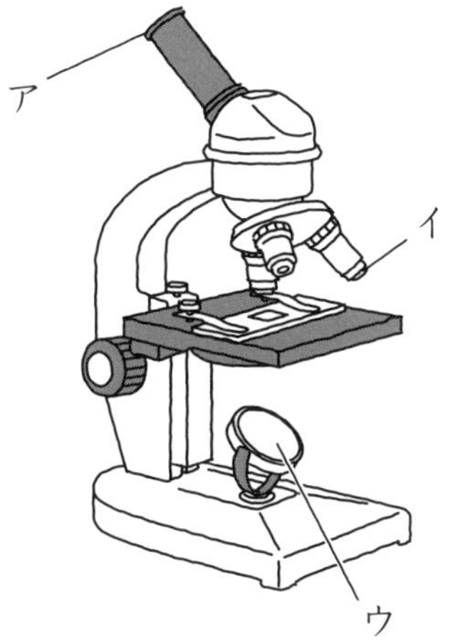

ア（　　　　　　　　　　）
イ（　　　　　　　　　　）
ウ（　　　　　　　　　　）

┌───┐
│ レボルバー　　接眼レンズ　　対物レンズ　│
│ ステージ　　　調節ねじ　　　反射鏡　　　│
└───┘

レッスン20 人の誕生 [5年]

このレッスンのはじめに♪

　みなさんは，生まれる前におなかの中でお母さんとつながっていたことを知っていますか？　わたしたちはお母さんのおなかの中でどのように育ち，生まれてきたのかいっしょに学んでいきましょう。

① 人の生命の誕生

授業動画は
こちらから 92

レッスン19では，メダカが卵の中でどのように成長し，生まれてくるのかを学習しました。カエルやヘビ，鳥も卵を産みますが，人やイヌ，ネコは子どもを産みます。親と同じ姿で生まれてくる動物は，母親のおなかの中で，卵から育って生まれてきます。

ここでは，人の子どもが，母親のおなかの中でどのように育っていくのかを学習しましょう。

🔬人の受精卵

女性の体には，**卵巣**とよばれる部分があり，そこで**卵**（**卵子**）がつくられます。女性の体内では，一生で約500個の卵がつくられます。

男性の体には，**精巣**とよばれる部分があり，そこで**精子**がつくられます。精子は約0.06 mmととても小さいです。

卵と精子が結びつくことを**受精**といい，このとき人の生命が誕生します。

受精した卵を**受精卵**といい，受精卵は女性の**子宮**で成長していきます。受精直後の受精卵は**直径約0.1 mm**くらいととても小さく，針でさしたあなぐらいの大きさです。

ここから**約38週間**かけてだんだん人らしい姿に成長し，**身長約50 cm，体重約3000 g**ほどまでに大きくなって生まれてきます。

生まれた子どもが成長して親になり，また子どもを産むことで，生命が受けつがれていきます。

人の受精卵は，養分をどこから取り入れるんだろう。

子どもの体の形はどのように成長していくのかしら。

チェック 1　次の問題に答えましょう。　　　　　　　　　🐸**答えは別冊p.14へ**

(1)　卵と精子が結びつくことを何といいますか。　　　　（　　　　　　　　　　　　　）

(2)　人の受精卵は，約何週間で生まれてきますか。

（　約　　　　　　　週間　）

2 子宮の中のようす

授業動画は こちらから 93

人の受精卵は，母親の体内にある子宮で，**約38週間**かけて成長します。

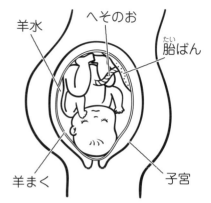

子宮の中の子どものことを**胎児**といいます。胎児のまわりは，**羊水**という液体で満たされていて，胎児を守る役目をしています。胎児と羊水を包んでいるまくを**羊まく**といいます。

胎児は，羊水の中にうかんだような状態をしているので，自由に手足を動かすことができ，からだを発達させることができます。

胎児は，羊水の中でどうやって息をしているのでしょうか。胎児のおへそから出ているものを見てください。

これは**へそのお**という管で，母親の子宮のかべにある**胎ばん**とつながっています。

胎ばんは母親と胎児をつないで，胎児の成長を守る大切な役割をしています。

母親は酸素と養分を胎ばんに送り，胎児はへそのおを通してそれらを受け取ります。胎児はいらなくなったものを母親へ送って，胎ばんで交かんしています。

へそのおは，胎ばんと胎児のへそをつなぐ管で，養分や酸素，またいらなくなったものの通り道です。

こうして，胎児は子宮の中で，長い期間をかけて成長することができるのです。

・人の育ち

・メダカの育ち

人は，母親から養分をもらってどんどん大きくなるのね。

メダカの受精卵は，水草に産みつけられたあとは，親からの世話を受けずに成長するよ。少しずつ体の形ができていくんだ。

146

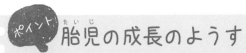
ポイント　胎児の成長のようす

【4週後】（体重約4g）　【10週後】（体重約20g）　【18週後】（体重約350g）

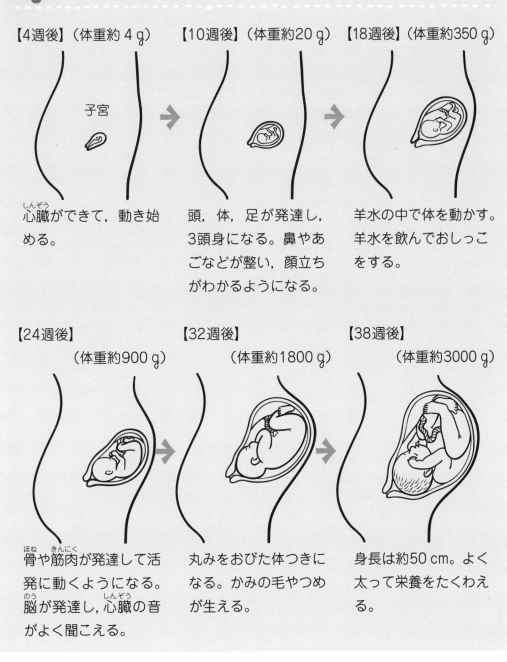

子宮

心臓ができて，動き始める。

頭，体，足が発達し，3頭身になる。鼻やあごなどが整い，顔立ちがわかるようになる。

羊水の中で体を動かす。羊水を飲んでおしっこをする。

【24週後】
（体重約900g）

【32週後】
（体重約1800g）

【38週後】
（体重約3000g）

骨や筋肉が発達して活発に動くようになる。脳が発達し，心臓の音がよく聞こえる。

丸みをおびた体つきになる。かみの毛やつめが生える。

身長は約50cm。よく太って栄養をたくわえる。

チェック 2　次の問題に答えましょう。　　　　　　　　　　🐾答えは別冊p.14へ

(1)　子宮を満たして，胎児を守っている液体を何というでしょう。

（　　　　　　　　　）

(2)　胎児は，胎ばんから何を通して養分を取り入れるでしょう。

（　　　　　　　　　）

誕生のようす

94

　受精からおよそ38週間後，へそのおを通じて母親から栄養をもらって成長していた胎児が，いよいよ誕生します。

①子宮が縮んで，胎児を外におし出そうとする。子宮の入口が少しずつ開き始め，十分に開くと，胎児を包んでいた羊まくが破け，羊水がもれて出てくる。

②子宮が強く縮んで，胎児をおし出す。頭が外に出てくる。

③回転しながら胎児が出てくる。

④子宮から胎ばんがはがれて出てくる。

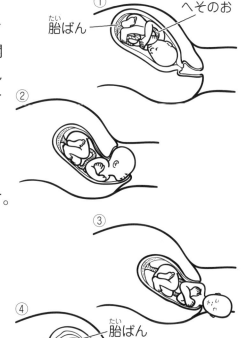

① へそのお
胎ばん

②

③

④ 胎ばん

切りはなされた
へそのお

　赤ちゃんは，誕生するとすぐに泣き出します。これは，初めて自分で外の空気を吸って呼吸を始めたしょうこです。また，赤ちゃんはすぐにおっぱいを探して飲もうとします。自分の口から直接栄養をとれるようになったのです。
　こうして，母親と胎児をつなぐ重要な役割を果たしていた胎ばんと，へそのおは，その役目を終えました。不要になったへそのおは，赤ちゃんの体に数センチを残して切りはなされます。赤ちゃんの体に残ったへそのおは，かんそうして，１週間くらいでポロリと取れます。わたしたちのおなかにあるへそは，へそのおが取れたあとなのです。

ぼくのおへそも，お母さんとぼくをつないでいたきずなのあとなんだね。

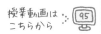

1 次の文章の（　　　）にあてはまる言葉や数を,下の□□□から選びましょう。

女性の体内でつくられた卵(卵子)と,男性の体内でつくられた（　　　　）
が結びつくことを（　　　　）といいます。受精した卵を（　　　　）といいます。
受精した人の卵は,母親の（　　　　）というところで,およそ（　　　）週
間かけて育てられます。

生まれる時の体重は,およそ（　　　　）gぐらいになっています。

精子	卵	受粉	受精	胎ばん	子宮
養分	受精卵	28	38	5000	3000

2 右の図は母親のおなかの中の胎児のようすです。

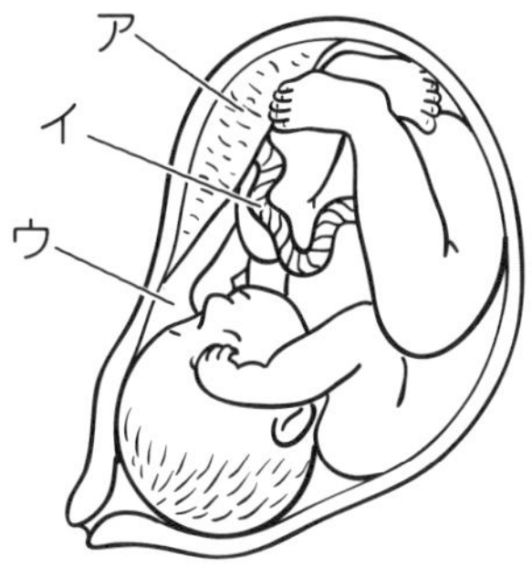

(1) 右の図のア〜ウの名前を答えましょう。

　　ア　（　　　　　　　　　）

　　イ　（　　　　　　　　　）

　　ウ　（　　　　　　　　　）

(2) 下の①〜③の文は,右の図のア〜ウのどれについて説明したものでしょう。（　　）にア〜ウの記号を書きましょう。

①母親からの,養分や酸素の通り道になっている。　　　　（　　　　　　）

②母親と胎児をつないで,成長を守る役目をしている。
　　養分といらなくなったものをここで交かんしている。　　　（　　　　　　）

③胎児のまわりを満たしている液体。外のしょうげきから胎児を守る役目
　をしている。　　　　　　　　　　　　　　　　　　　　（　　　　　　）

3 母親の子宮の中で成長するにともなって,胎児にはア〜ウのような変化が
見られます。下のア〜ウを変化の起こる順番にならべましょう。

　ア　骨や筋肉が発達し,よく動くようになる。

　イ　心臓ができて,動き始める。

　ウ　鼻やあごの形ができてくる。

　　　　　　　　　　（　　　　　　→　　　　　　→　　　　　　）

大きなキュウリがあれば
おなかいっぱいで幸せケロ〜

りかっぱはキュウリの
ことしか頭にないのね

そのために
キュウリを
育ててるんだケロ

ようかい液でおばけキュウリに
したんだケロー

シャアァァ!!

うわあああああ!!

でも花はハチとかこん虫が
花粉を運んでくれないと
実をつけないのよ

あのハチにする
ケロ!

はなすケロー!!!

だめだよ!

ハチはきけんよ!

あのぉ……
キュウリは
何もしなくても
実がつきますのよ

※ミツバチはとてもおとなしいハチです。

このレッスンのはじめに♪

　多くの植物は成長すると花をさかせ，実をつけます。ひと言で「花」と言っても，花のつくりはそれぞれ異なっています。ここでは「ひとつの花におしべ，めしべがある植物」と「別々の花におしべ，めしべがある植物」に分けて，花のつくりと受粉について学んでいきましょう。

花のつくり

　成長すると，やがて花がさき，種をつける植物があります。このような植物には，ひとつの花の中に，おしべとめしべがある植物と，別々の花におしべとめしべがある植物があります。

♣ひとつの花におしべ，めしべがある植物

　アサガオとアブラナを例にして，ひとつの花におしべとめしべがある花のつくりを見ていきましょう。

ポイント　アサガオやアブラナの花のつくり

　アサガオやアブラナの花には，外側から順に，**がく・花びら・おしべ・めしべ**がついています。

　花の断面を見ると，**ひとつの花の中におしべとめしべがそろっている**のがわかります。タンポポやオクラやナスの花も同じつくりをしています。

<アサガオの花のつくり>

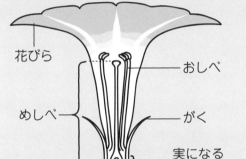

<アブラナの花のつくり>

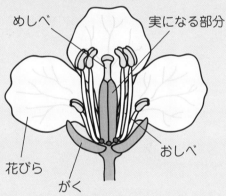

がく…花の一番外側にある緑色の部分。花びらの下について，花全体を支えている。つぼみのときには，つぼみの中を守るはたらきがある。

花びら…がくの中についている。花の種類によって枚数（まいすう）がちがう。アサガオの花びらは5枚（まい）あり，つつ状になっていて，根もとでたがいにつながっている。アブラナには4枚，タンポポやオクラやナスには5枚の花びらがある。

おしべ…花粉をつくるはたらきがある。花の種類によって本数がちがう。アサガオは5本で，アブラナには6本，タンポポやオクラ，ナスには5本のおしべがある。

めしべ…花の中心にあり，ひとつの花に1本ある。先の方は丸くなっていて，根もとのほうはがくについてふくらんでいる。

🌸別々の花におしべ，めしべがある植物

ヘチマの花は，おしべとめしべが別々の花についています。

おしべだけをつけた花をおばな，**めしべだけをつけた花**をめばなといい，それぞれの花に**がく**と**花びら**があります。ヘチマには5枚の花びらがあります。

おしべは，花の種類によって本数がちがいます。ヘチマのおしべは5本です。

めしべは1本で，根もとの部分はがくについていてふくらんでいます。

花の根もとがふくらんでいるのがめばな，そうでないのがおばなです。

<ヘチマの花のつくり>

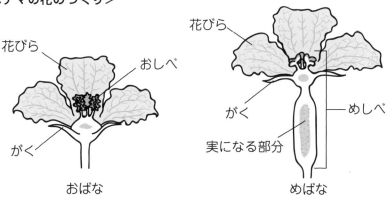

おばな

めばな

ヘチマの他に，カボチャやツルレイシ（ゴーヤ），ヒョウタンやキュウリなども同じ花のつくりをしています。

<カボチャの花のつくり>

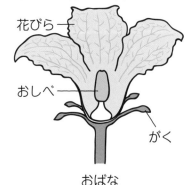

おばな

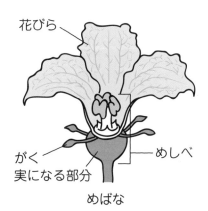

めばな

ポイント いろいろな花のつくり

・アサガオ…ひとつの花の中に，がく・花びら・おしべ・めしべがある。

・ヘチマ…花には，**おばなとめばな**がある。

　　　　　おばな…がく・花びら・おしべからできている。

　　　　　めばな…がく・花びら・めしべからできている。

・アサガオもヘチマも，**めしべの根もとの部分がふくらんでいる。**

つけたし　イチョウやソテツなどは，おばなのさく「おすの木」とめばなのさく「めすの木」に分かれています。

2 花粉の役割

授業動画は
こちらから

 98　 99　 100

🌸おしべとめしべ

アサガオやヘチマのおしべの先をさわると，指に粉のようなものがつきます。この粉のようなものを花粉といいます。おしべの先には花粉がいっぱい入ったふくろがあり，このふくろがわれると，中の花粉がたくさん外に出てきます。

花粉は花の種類によって大きさや色，形などがちがいます。

めしべの先は**べとべと**していて**ねばりけ**があります。花粉をつきやすくするためです。

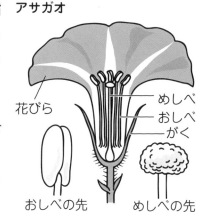

アサガオ

花びら／めしべ／おしべ／がく

おしべの先　　めしべの先

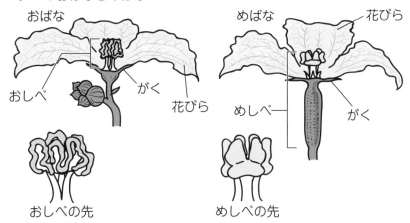

ヘチマのおばなとめばな

おばな
おしべ　　がく　　花びら
おしべの先

めばな　　花びら
めしべ　　がく
めしべの先

もっとくわしく
おしべの先の花粉が入ったふくろを，やくといいます。

受粉のしくみ

おしべの先のふくろが割れて外に出た花粉が，めしべの先につくことを受粉といいます。

アサガオやヘチマは，受粉するとそのあとどうなるのかを見ていきましょう。

ポイント アサガオの受粉

アサガオは，つぼみの中でおしべがのびて，受粉してから花が開きます。

花がさいたときには，受粉が終わっています。

受粉したアサガオと受粉しなかったアサガオが，それぞれどうなったかを，実験で比べてみましょう。

受粉したアサガオは種子ができましたが，受粉しなかったアサガオは種子ができずに，そのままかれてしまいました。

このことから，アサガオは**受粉しないと種子ができない**ことがわかりました。

> 他のアサガオの花粉がつかないようにするために，ふくろをかぶせているんだね

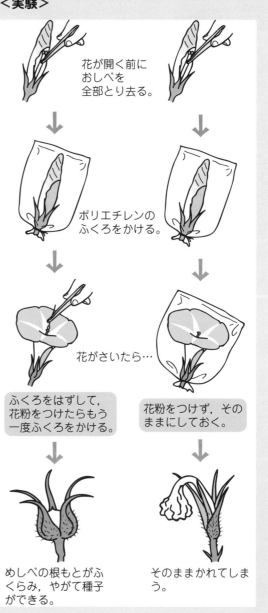

＜実験＞

花が開く前におしべを全部とり去る。

ポリエチレンのふくろをかける。

花がさいたら…

ふくろをはずして，花粉をつけたらもう一度ふくろをかける。

花粉をつけず，そのままにしておく。

めしべの根もとがふくらみ，やがて種子ができる。

そのままかれてしまう。

ヘチマのおばなとめばなは，はなれたところにさいています。ヘチマのおばな
のおしべにある花粉は，主にこん虫によって運ばれ，はなれたところにあるめば
なのめしべについて，受粉します。

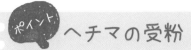
ヘチマの受粉

おばなとめばなをもつヘチマに
ついても，受粉したヘチマと受粉
しなかったヘチマがそれぞれどう
なったかを実験で比^{くら}べてみましょ
う。

受粉したヘチマは種子ができま
したが，受粉しなかったヘチマは
種子ができずに，そのままかれて
しまいました。

このことから，おばなとめばな
があるヘチマも，**受粉しないと種
子ができない**ことがわかりました。

植物に実ができるには，受粉
が必要なことがわかったわね。

＜実験＞

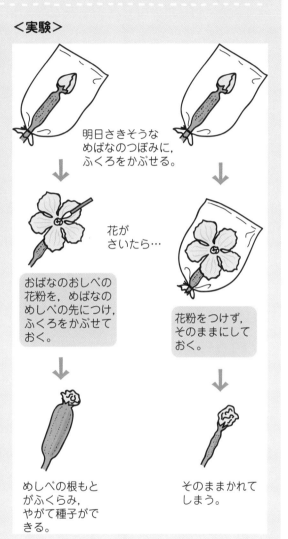

明日さきそうな
めばなのつぼみに，
ふくろをかぶせる。

花が
さいたら…

おばなのおしべの
花粉を，めばなの
めしべの先につけ，
ふくろをかぶせて
おく。

花粉をつけず，
そのままにして
おく。

めしべの根もと
がふくらみ，
やがて種子がで
きる。

そのままかれて
しまう。

受粉をすると，めしべの根もとのふくらんだ部分が育ち，やがて実ができます。
実の内側では，種子^{しゅし}ができています。

植物は受粉して種子をつくることで生命をつないでいます。メダカやヒトなど
の動物も，卵^{らん}と精子^{せいし}が受精^{じゅせい}することで生命をつないでいます。
生物はこのようにして，次の世代へ生命をつなげているのです。

花粉の運ばれ方

おしべにある花粉が、めしべの先につくまで、いろいろな運ばれ方があります。どんなものによって花粉が運ばれるのか、見ていきましょう。

- **こん虫**に運ばれる花……こん虫を引きつけるために、**あまいみつや強いにおい**を出したり、目立つ色をしています。花粉はこん虫の体にくっつきやすくなっていて、ねばねばしていたり、とげや毛があるものもあります。中には、こん虫が花のおくまで入りこまないとみつを吸えない構造になっている花もあります。
  例アブラナやヘチマ、カボチャやヒマワリなど
- **鳥**に運ばれる花……みつを吸うときに鳥の体についた花粉が運ばれます。**こん虫の少ない冬**にさく花が多く、鳥を引きつけるために、花が大きく色はあざやかです。
  例ビワやツバキ、サザンカなど
- **風**に運ばれる花……こん虫や鳥に花粉を運んでもらう必要がないので、みつやにおいはありません。花びらやがくをもたないものも多く、花粉は**軽くさらさら**していて、空気ぶくろのようなものがついています。風によって数十kmも飛ぶことがあります。
  例スギ、トウモロコシ、ヒノキ、イネなど
- **水**に運ばれる花……**水中**で花をさかせるものや、**水上**で花をさかせるものがあります。
  例ミズハコベ、キンギョモ、クロモなど
- **人の手**による受粉……**温室さいばい**や品質改良の実験など、人工的に受粉がおこなわれます。例えば、花がさく時期に、ビニルハウスの中にハチをはなして受粉の手助けをしたり、人が手作業で受粉させたりします。

チェック **2**　次の問題に答えましょう。　　　　　　　　　　　 答えは別冊p.15へ

(1) おしべの先についている粉のようなものを何といいますか。　　　（　　　　　）
(2) おしべの先についている粉がめしべの先につくことを何といいますか。（　　　　　）

➡ 答えは別冊p.15へ

1 次の文章の（　　）にあてはまる言葉を下の◻️から選んで答えましょう。

　　おしべの先のふくろが割れて外に出た（　　　　　　　　）は，めしべ
の先につきます。これを（　　　　　　　　　）といいます。その後，めし
べの根もとのふくらんだ部分が育ち，（　　　　　　　　）ができ，その中
に（　　　　　　　　　）ができます。

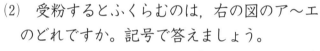

おばな	めばな	花粉	がく	花びら
受粉	種子	受精卵	実	子葉

2 右の図は，アサガオの花を縦に切ったものです。

(1) ア〜ウの名前を答えましょう。

ア（　　　　　　　　）
イ（　　　　　　　　）
ウ（　　　　　　　　）

(2) 受粉するとふくらむのは，右の図のア〜エ
のどれですか。記号で答えましょう。

（　　　　　　　　）

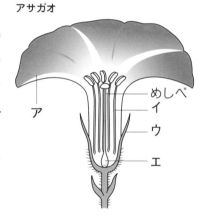

アサガオ

めしべ
ア
イ
ウ
エ

3 右の図は2種類のカボチャの花を縦に切ったものです。

(1) A，Bのどちらがめばなですか。
記号で答えましょう。

（　　　　　　　）

(2) おしべはどれですか。ア〜エの
記号で答えましょう。

（　　　　　　　）

(3) カボチャの花粉は何によって運
ばれますか。

（　　　　　　　）

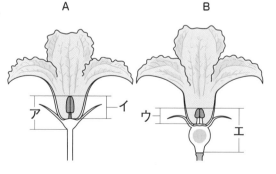

A　　　　B

ア　イ　ウ　エ

レッスン 22 流れる水のはたらき

[5年]

このレッスンのはじめに♪

　雨が降ると，いつのまにか水が流れる水路ができていることがありませんか。雨の量が多いと，少しずつ水の量が増えていき，水路が見えなくなりますね。

　このように，流れる水は，その量やかんきょうによってさまざまな形に姿を変えます。レッスン22では，「地面を流れる水」と「川に流れる水」に注目して，流れる水のはたらきを学習していきましょう。

1 地面を流れる水のようす

授業動画は
こちらから

　雨水が流れたあとの地面や水たまりを観察して，流れる水が地面の形をどのように変えるのかを見ていきましょう。

地面のようす

　流れる水は高いところから低いところへ流れていきます。また，**かたむきが急なところでは水の流れが速く**なり，**ゆるやかなところでは流れがおそく**なります。

<実験>

　右の図のような土の山をつくって上から水を流してみます。

　水を流す量を増やしたり減らしたりして，①流れ始め，②水が曲がっているところ，③流れがゆるやかなところについて，水の流れる速さや地面のようすを観察しましょう。

<結果>

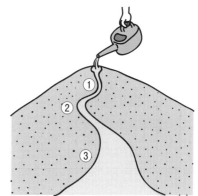

　①流れ始め…**地面がけずられて土が運ばれてい**きました。けずられた土で水がにごっていました。流れる水の量が増えると，けずられる土の量が**多く**なりました。

　流れる水が地面をけずるはたらきを**しん食**といい，けずられた土を運ぶはたらきを**運ぱん**といいます。

　②水が曲がって流れているところ…流れの**外側は地面が深くけずられて**おり，**内側は土が積もって**いました。流れる水の量が増えると，けずられる土の量が**多く**なりました。

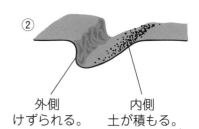

外側
けずられる。

内側
土が積もる。

　③流れがゆるやかなところ…**運ばれた土が多く積もって**いました。水の量を増やすと，積もっていた土は，流されて下のほうに積もっていきました。

　運ばれた土を積もらせるはたらきを，**たい積**といいます。

もっとくわしく

土のやわらかいところのほうが，しん食のはたらきは大きくなります。これが，川がぐにゃぐにゃとだ行して流れる理由のひとつです。

流れる水の３つのはたらき

流れる水には，けずる・運ぶ・積もらせるの３つのはたらきがあるんだね。

- **しん食** —— 地面をけずるはたらき
- **運ぱん** —— けずった土を運ぶはたらき
- **たい積** —— 運ばれた土を積もらせるはたらき

🎧 流れる水の速さ

今度は①，②，③について，土の山を流れる水の速さに注目して観察してみましょう。

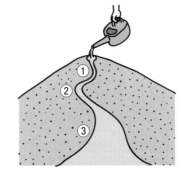

①の水の流れ始めの場所は，最もみぞのはばがせまく，①から③にかけてだんだんみぞのはばが広くなっています。一定の量の水を流すとき，はばのせまい①では，一度に少ない量の水しか流れることができません。

それに対して，はばの広い③は①より多くの水を流すことができます。

そのため，みぞのはばのせまいところでは水が速く流れ，はばの広いところでは水がゆっくり流れます。

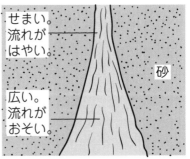

せまい。流れがはやい。

砂

広い。流れがおそい。

また，②の水が曲がって流れているところは，流れの外側が深くけずられて，内側に土が積もっていました。これは，外側は水の流れが速いため，より多くの土がけずられたからです。

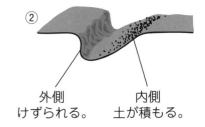

②

外側
けずられる。

内側
土が積もる。

水の流れが速いところ

- かたむきが急だと，流れが速い。
- 水が曲がっているところは，流れの外側が速い。
- ⇒ 流れが速いと，しん食・運ぱん作用が大きく，地面が大きくけずられて深くなっている。

チェック 1　次の問題に答えましょう。　　　　　　　　　　　👉答えは別冊p.15へ

（1）　水の流れにけずられた土を運ぶはたらきを何といいますか。

（　　　　　　　　）

（2）　水の流れが速くなると，地面をけずるはたらきはどうなりますか。

（　　　　　　　　）

2 川のようす

授業動画は
こちらから　[104]

[104]　川は，山から平地を通って海へ流れていきます。流れる水のはたらきによって，川の上流・中流・下流で，それぞれどのようにようすが変化していくのかを見ていきましょう。

川の上流

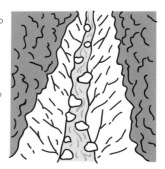

山などに降った雨が，山の中に小さな川をつくります。上流は川はばが**せまく**，かたむきが**大きい**ため，**流れが速く**なっています。川の水のしん食のはたらきで，川岸や川底がけずられ，**深い谷**がつくられることもあります。

上流の石は**大きな角ばった石**が多く，小石や砂はあまりみられません。

川の中流

いくつかの小さな川が合流し，水の量がどんどん**増え**ていきます。川はばは上流よりも**広く**なり，川のかたむきは小さくなるため，**流れは少しゆるやか**になります。小石や土が運ばれ，川が曲がっているところでは，**内側に小石や土が積もり川原ができる**こともあります。

上流から流されてくる間に割れたり角がけずられたりした**丸い小石**が，川底にたい積します。

川の流れにも，水の流れと同じように，しん食・運ぱん・たい積の３つのはたらきが見られるのね。

🐾川の下流

　川は合流したり，流れが分かれたりしながら，中流よりさらに水の量が**増えて**いきます。川はばは中流よりも**広く**なり，川のかたむきがさらに小さくなります。流れは**ゆったり**としています。川が海や湖に注ぎこむところを河口といいます。

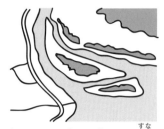

　上流から中流を流されて運ばれた石はさらに**小さく丸くなり**，丸い小石や砂，どろが川底にたい積します。河口付近では，しん食よりもたい積するはたらきの方が大きくなるため，広い川原がつくられたりします。

🐾曲がっている川の流れ

　曲がっている川の内側では，水の流れが**ゆるやか**なので，小石や砂が積もり川原になります。川底にも小石や砂が積もります。

　流れの外側では，水の流れが**速い**ので，川岸がけずられて**がけ**になっています。川底は小石や砂が運ばれて積もることがないので，深くなっています。

内側	外側

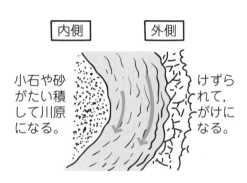

小石や砂がたい積して川原になる。

けずられて，がけになる。

川の内側では，たい積，外側では，しん食・運ぱんのはたらきが大きいんだね。

川の流れと川のようす

次の表で，上流・中流・下流のちがいをまとめておこう。

	上　流	中　流	下　流
川の流れ	速い。しん食と運ぱんの力が大きい。	ややゆるやか。たい積するはたらきが始まる。	ゆるやか。たい積するはたらきが大きくなる。
川のようす	川はばはせまく，かたむきが大きい。深い谷になる。	川はばはやや広い。曲がって流れる内側などが川原になる。	川はばは広い。河口付近に広い川原がつくられる。
石のようす	大きな角ばった石。	角をけずられた丸い小石。	小さな丸い小石や砂やどろ。

答えは別冊p.15へ

チェック 2 次の問題に答えなさい。

(1) 川はばがせまく，大きな角ばった石が見られるのは，川の上流，中流，下流のうち，どのあたりですか。

(　　　　　)

(2) 川が曲がっている場所の内側と外側では，どちらの流れが速いでしょうか。

(　　　　　)

❸ 川とわたしたちの暮らし

授業動画は
こちらから

　川を流れる水はいつも同じように流れているわけではありません。

　山では土地をけずり，深い谷をつくっていきます。河口では，運ばれた石や砂が積もり，広い平野をつくります。これらのはたらきをくり返し，長い年月をかけて川は流れを変え，まわりの土地のようすも変えていきます。

しん食されて深い谷ができた土地のようす。

長い年月をかけて，河口にできた平野のようす。

　台風などで大雨が降ったときや，梅雨などで長時間にわたって雨が降り続いたときなどに川の水の量は増えます。また，雨の降らない日が長く続くと，川の水の量は減ります。

　川に流れる水の量が増えると，川から水があふれて**こう水**になり，ふだんは流れていない場所にも水が流れ，わたしたちもひ害を受けることがあります。水の量が増えて，しん食する力が大きくなると川岸がけずられることもあります。また，水の量が増えて，運ぱんのはたらきが大きくなると，橋などが流されることがあります。

　下流の地域では，雨が降っていなくても，上流の方で大雨が降ると下流の川の水の量も増えるので，注意が必要です。

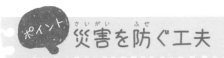

わたしたちの身のまわりにある，災害を防ぐための工夫を見てみましょう。

・**てい防**……川の水があふれ出ないように，川岸に沿って土砂を盛り上げたもの。

・**砂防ダム**…石や砂が一気に流れ出ないようにするもの。

・**貯水ダム**……上流に降った雨を一時的にためておき，川の水の量を調整するもの。

・**ブロック**……川が曲がっているところの外側に置いて，水の勢いを弱め，川岸などがけずられるのを防ぐもの。

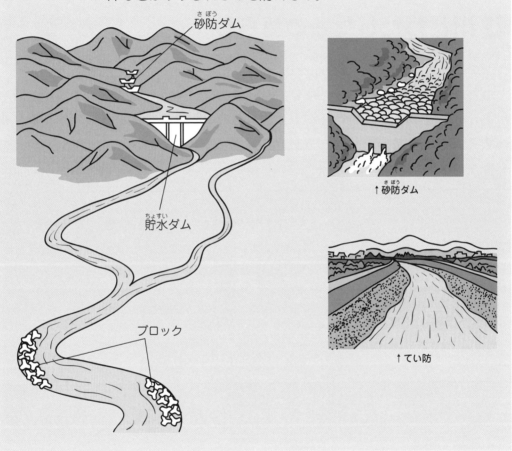

砂防ダム

貯水ダム

ブロック

↑砂防ダム

↑てい防

チェック 3 　次の問題に答えましょう。　　　　　　　　📖答えは別冊p.15へ

（1）　大雨のすぐあとでは，川の水の量はどうなりますか。　　　（　　　　　　　）

（2）　こう水などで川の水があふれ出ないように，川岸に沿って土砂を盛り上げたものを何といいますか。　　　（　　　　　　　）

レッスン22 の力だめし

授業動画は
こちらから

答えは別冊p.15へ

1 次の文章の（　　）にあてはまる言葉を下の□□から選んで答えましょう。ただし，同じ言葉は2度使えません。

(1) 流れる水には，（　　　　　　　　　　）をけずるはたらきがあります。このはたらきを（　　　　　　　　　　）といいます。

(2) 流れる水には，けずったものを運ぶはたらきがあります。このはたらきを（　　　　　　　　　）といいます。

(3) 流れる水に運ばれたものは，（　　　　　　　　　）や川岸に積もります。このはたらきを（　　　　　　　　　）といいます。

地面	上流	雨水	運ぱん
しん食	川底	たい積	川はば

2 右の図は，曲がって流れている川のようすです。次の問題に答えましょう。

(1) 地面がよくけずられるのは，Ⓐと®のどちらですか。

（　　　　　　　）

(2) 小石や砂が積もっていくのは，Ⓐと®のどちらですか。

（　　　　　　　）

(3) 水の流れる速さが速いのは，㋐と㋑のどちらですか。

（　　　　　　　）

3 次の文章は，川のようすについて説明したものです。それぞれ上流・中流・下流のどこの説明をしているかを（　　）に答えましょう。

(1) 曲がっているところでは，内側に川原ができる。　（　　　　　　　）

(2) 流れは速く，川岸は切り立ったがけになっている。　（　　　　　　　）

(3) 川はばは広く，流れはゆるやかである。　（　　　　　　　）

(4) 運ばれてきた土砂がたくさん積もっている。　（　　　　　　　）

レッスン 23 電磁石のはたらき ［5年］

このレッスンのはじめに♪

「電磁石」と「磁石」，言葉はとても似ていますが，この二つはちがうものです。電磁石って，そもそも何なのでしょう？　電磁石とは何なのか，しっかり学んで電磁石の性質が磁石と同じところ，ちがうところを見ていきましょう。

1 電磁石

授業動画は
こちらから

　電磁石とは，電流を流したときにだけ，磁石のようなはたらきをするものです。まず最初に，電磁石はどのようなものでつくられているのか，見ていきましょう。

　エナメル線は，電気を通す銅線の表面に，電気を通さない「エナメル」というと料をうすくぬったものです。このエナメル線を，同じ向きに何回も巻いてつつのようにしたものを，コイルといいます。コイルの中に，鉄心を入れ電流を流すと，鉄心が磁石になります。これで電磁石の完成です。鉄心は，鉄くぎなどを使います。

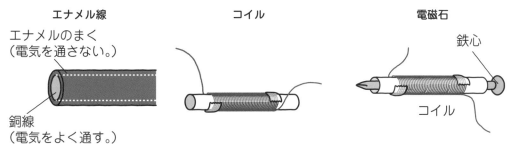

電磁石を使った回路のつくり方

①エナメル線のはしを20 cmほど残し，巻きはじめをテープでストローにとめて，同じ向きに巻いていく。巻き終わりもテープでとめて，コイルをつくる。

②電気を通すように，エナメル線の両はしのエナメルを，紙やすりで2 cmほどはがす。

③鉄くぎなどの鉄心をコイルの中に入れ，エナメル線の両はしをかん電池につなげて，電流を流す。

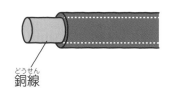

銅線

あまったエナメル線は，図のように巻いておけば，あとでコイルの巻き数を変えられるよ

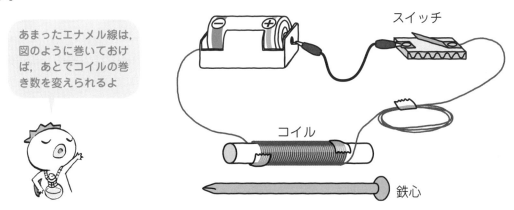

補足　アルミニウムやガラスなど磁石につかないものをコイルの中に入れても，エナメル線のまわりに磁石の力は発生しますが，電磁石としてのはたらきは弱いです。鉄心を入れることで，より磁石の力が強くなります。

＜実験＞

スイッチをおし，回路に電流を流します。すると，電磁石はクリップを引きつけました。つまり，電磁石は磁石になったのです。しかし電流をとめると，クリップははなれ，電磁石は磁石ではなくなってしまいました。

＜電流を流したとき＞　　＜電流をとめたとき＞

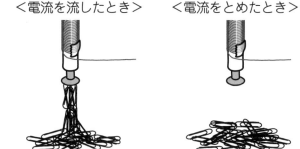

次に，棒磁石と電磁石をたくさんのクリップの中に置いて持ち上げたとき，それぞれどこにクリップがつくのかを調べます。

＜棒磁石を持ち上げる＞　　＜電磁石を持ち上げる＞

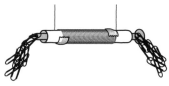

棒磁石を持ち上げると，両はしにクリップがつきま

した。一方，電流を流した電磁石も，棒磁石と同じように両はしにクリップがつきました。

電流をとめると，電磁石の両はしのクリップは落ちました。

このことから，**電流が流れているときだけ，電磁石の両はしに，（棒）磁石と同じような極ができる**ことがわかりました。

- -

チェック 1　次の問題に答えなさい。　　　　　　　答えは別冊p.16へ

(1)　ストローにエナメル線を巻いたものを何といいますか。　　　（　　　　　　　　　）

(2)　(1)でつくったものに鉄心を入れて電流を流し，クリップを近づけました。クリップはどうなりましたか。　　　　　　　　　　　　　　　（　　　　　　　　　）

- -

② 電磁石のＮ極とＳ極

授業動画はこちらから［108］

電磁石は，回路に電流が流れると磁石と同じはたらきをしました。電磁石にも，磁石と同じようにＮ極とＳ極があるかどうか，方位磁針を使って見ていきましょう。

＜実験＞

電磁石の回路に電流を流すと，方位磁針の針が動きました。Ｎ極とＳ極は，たがいに反対の極に引きつけられるので，方位磁針のＮ極が引きつけられたほうがＳ極で，方位磁針のＳ極が引きつけられたほうがＮ極ということです。

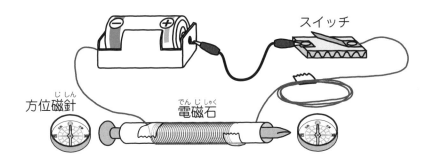

方位磁針   電磁石   スイッチ

<電流が流れていないとき>

N極
S極
方位磁針は動かない。

<電流が流れているとき>

N極   S極
N極   S極
方位磁針が動く。N極 S極

　また，**かん電池の「＋」と「－」を逆**にして電流を流すと，**方位磁針の針の向きが逆**になりました。つまり，**電流の流れる向きが反対になると，N極とS極は反対になる**のです。

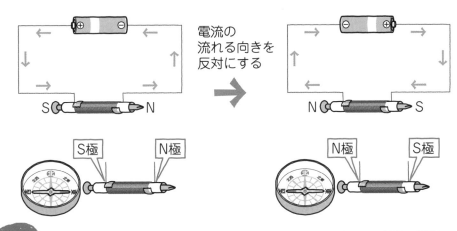

電流の
流れる向きを
反対にする

S　　　　N

N　　　　S

S極　　　N極

N極　　　S極

　電磁石と磁石に方位磁針を近づけて，方位磁針の針の動きを調べた。また，かん電池の向きを変えて針の動きを調べると，次のようになった。

		電磁石	磁石
同じ	極	N極・S極がある	
	極の性質	同じ極どうしは反発し，N極とS極は引きつけ合う	
ちがい	性質	電流が流れているときだけ磁石	つねに磁石
	N極・S極の向き	電流の向きが反対になると，反対になる	変わらない

3 電磁石のはたらきを強くする方法

授業動画は こちらから

電磁石と電流の関係

レッスン11（4年生）で，かん電池の数を増やして直列つなぎにすると，電流を大きくすることができると学習しましたね（74ページ）。

電磁石に流れる電流を大きくすると，電磁石のはたらきは強くなるのでしょうか。

クリップを持ち上げる数について，かん電池1個の場合と2個の場合で，電磁石の強さを比べてみましょう。電磁石のはたらきが強くなると，持ち上げることができるクリップの数は増えると考えられますね。実験するときは，かん電池の数以外の条件（コイルの巻き数など）は同じにします。

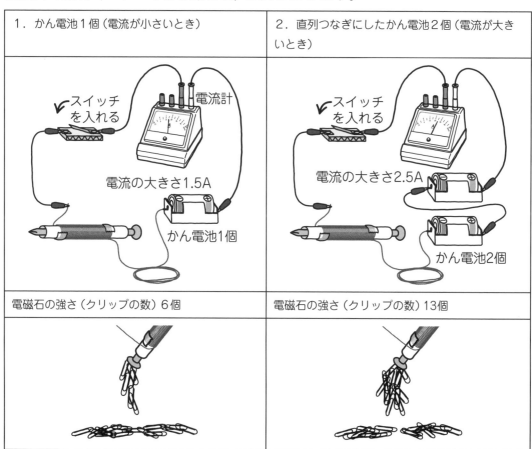

1．かん電池1個（電流が小さいとき）

スイッチを入れる　電流計
電流の大きさ1.5A
かん電池1個
電磁石の強さ（クリップの数）6個

2．直列つなぎにしたかん電池2個（電流が大きいとき）

スイッチを入れる
電流の大きさ2.5A
かん電池2個
電磁石の強さ（クリップの数）13個

磁石とちがって，流れる電流が大きくなると，電磁石のはたらきが強くなることがわかりました。

かん電池が2個の方がたくさんのクリップを持ち上げているね。電流が大きくなると，電磁石は強くなるんだね。

170

電流計の使い方

電流計は，簡易検流計より，電流の大きさをくわしくはかることができる。

電流計のつなぎ方

①＋たんしに，かん電池の＋極側の導線をつなぐ。

②－たんしに，かん電池の－極側の導線をつなぐ。最初は，最も強い電流がはかれる5 A（アンペア）の－たんしにつなぐ。

③回路のスイッチを入れて目盛りをよむ。針のふれが小さいときは，－たんしを5 A→500 mA（ミリアンペア）→50 mAとつなぎかえていく。

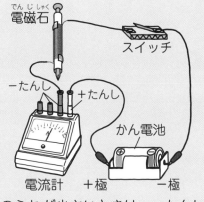

電磁石
スイッチ
－たんし
＋たんし
かん電池
電流計　＋極　　　－極

 あれ？電磁石をどこにつなぐんだっけ？？

電流計だけをかん電池につなぐと，電流計がこわれてしまうから注意してね！！

 電源装置の使い方

電源装置は，**かん電池のかわりに使うことができ，かん電池の数を変えることができる。**

電源装置のつなぎ方

①スイッチが入っていないことを確かめてから，プラグをコンセントにつなぐ。

②＋たんし，－たんしを回路の導線につなぐ。

※電源装置の＋たんし，－たんしが，かん電池の＋極，－極にあたる。

③かん電池の数を選んで，スイッチを入れる。

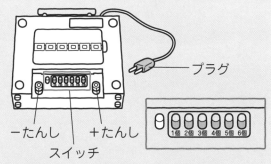

プラグ
－たんし　＋たんし
スイッチ
1個 2個 3個 4個 5個 6個

チェック 2　次の問題に答えなさい。　　　　　　　　　　🔖答えは別冊p.16へ

（1）電磁石に流れる電流が大きくなると，電磁石のはたらきはどうなりますか。

（　　　　　　　　　）

（2）電源装置は，何のかわりに使うことができますか。　　（　　　　　　　　　）

🦠電磁石とコイルの巻き数の関係

電磁石のコイルの巻き数は，電磁石の強さに関係があるのでしょうか？ コイルの巻き数を変えて，持ち上げるクリップの数で電磁石の強さを比べてみましょう。コイルの巻き数以外の条件（かん電池の数＝電流の大きさなど）は同じにします。

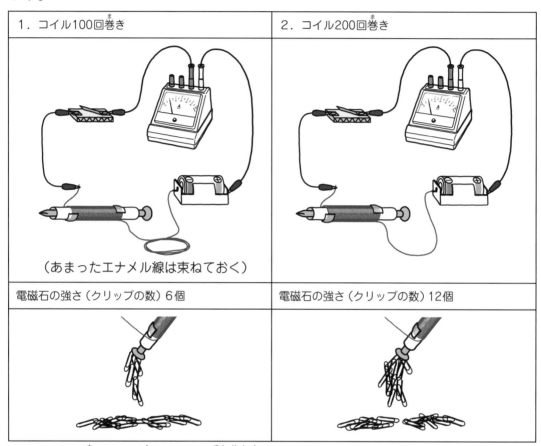

1．コイル100回巻き	2．コイル200回巻き
（あまったエナメル線は束ねておく）	
電磁石の強さ（クリップの数）6個	電磁石の強さ（クリップの数）12個

コイルの巻き数が増えると，電磁石のはたらきが強くなることがわかりました。

ポイント

電磁石のはたらきを強くする方法

①電流を大きくする。
②コイルの巻き数を増やす。

チェック3　次の問題に答えなさい。　　　　　　　➡答えは別冊p.16へ

（1）　電磁石のはたらきが強くなると，持ち上げるクリップの数はどうなりますか。

（　　　　　　　　　　　　　　　　）

（2）　電流の大きさを変えず，コイルの巻き数を減らすと電磁石のはたらきはどうなりますか。

（　　　　　　　　　　　　　　　　）

➡️**答えは別冊p.16へ**

1 次の文章で, 電磁石（でんじしゃく）だけにあてはまることには○, 棒磁石（ぼうじしゃく）だけにあてはまることには△, どちらにもあてはまることには◎を（　　）に書きましょう。

(1) 電流を流したときだけ, 磁石になる。　　　　　　　（　　　　　　）

(2) N極とS極がある。　　　　　　　　　　　　　　　（　　　　　　）

(3) 磁石（じしゃく）の強さを変えることができる。　　　　　　（　　　　　　）

(4) N極とS極の場所は, いつも同じである。　　　　　（　　　　　　）

2 電流計を使って, 電磁石に流れる電流の大きさをはかります。次のような順に回路をつなぐとき,（　　　）にあてはまる記号や数字を書きましょう。

①かん電池の＋極側の導線（どう）を, 電流計の（　　　　　　）たんしにつなぐ。

②かん電池の（　　　　　　）極側の導線（どう）を, 電流計の（　　　　　　）Aの（アンペア）
（　　　　　　）たんしにつなぐ。

③スイッチを入れて, 電流計の針（はり）のふれを見る。針（はり）のふれが小さいときは,
電流計の（　　　　　　）たんしを（　　　　　　）mA,（　　　　　　）mA（ミリアンペア）
の順につなぎかえる。

3 電磁石（でんじしゃく）のはたらきを調べるために, 鉄くぎ, エナメル線, かん電池を使って, 電磁石をつくりました。次の⑦～㋐の図を見て,（　　　）にあてはまる記号を書きましょう。

⑦100回巻（ま）き　　　㋑150回巻（ま）き　　　㋒100回巻（ま）き　　　㋓150回巻（ま）き

(1) 電流の大きさと電磁石の強さの関係を調べるためには,
⑦と（　　　　　　）を比（くら）べます。

(2) コイルの巻（ま）き数と電磁石の強さの関係を調べるためには,
⑦と（　　　　　　）を比べます。

(3) 電磁石の強さが一番強かったのは（　　　　　　）です。

レッスン 24 もののとけ方 ［5年］

このレッスンのはじめに♪

　ジュースには，目に見えませんが，さとうがたくさんとけています。水には，とけるものととけないものがあるのです。レッスン24では，食塩やミョウバン，ホウ酸が水にとける ようすを見ていきます。薬品の扱いに注意しながら，実験をしていきましょう。

1 ものが水にとけるようす

水よう液

　さとうや食塩を水にとかしていくと，つぶが**水の中で全体に広がり**，だんだん小さくなります。最後は，目に見えないくらいの小さなつぶに分かれて，**とうめい**になります。

　このように，ものが水にとけている，すきとおった液を**水よう液**といいます。液に色がついていても，向こう側がすけて見えれば，すきとおっているといえます。水よう液とは，どの部分も同じこさで，液をそのままにしておいても，とかしたものがういてきたり，底にたまったりしない状態のものです。

　液体の体積は，**メスシリンダー**を使うと正確にはかることができます。

水よう液とは

・とけているもの**が水全体に均一に広がっている**。
・**色がついていてもいなくても，とうめい**。
・長い間置いていても，**とけたものがういたり底にたまったりしない**。

メスシリンダーの使い方

①メスシリンダーを水平なところに置く。

②はかりとりたい量の目盛りより，少し下まで液体を入れる。

③真横から見ながら，液面のへこんだところと目盛りの線が重なって見えるように，スポイトで液体を入れる。スポイトを使うと，液体を少量ずつ入れることができる。

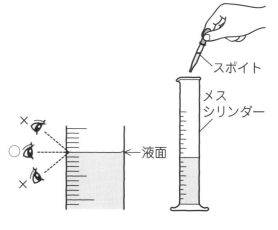

スポイト
メス
シリンダー
液面

補足　体積を表す単位は，「L」や「mL」。1 mLと1 cm³は同じ体積で，水1 mLは約1 gになる。

チェック 1　次の問題に答えましょう。　　　　　　　　　　　答えは別冊p.17へ

（1）水にものをとかした，とうめいな液体のことを何といいますか。（　　　　　　）

（2）メスシリンダーに少しずつ水を入れる時は，何を使いますか。（　　　　　　）

2 水よう液の重さ

授業動画は
こちらから

食塩水の重さ

食塩は水にとけると見えなくなってしまいますが，食塩が消えてなくなってしまったわけではありません。食塩は見えませんが，水の中にとけています。

食塩の重さは，水にとけても変わりません。つまり，**食塩を水にとかす前ととかしたあとの全体の重さは変わらない**のです。

食塩をとかす前とあとでは，全体の重さは変わらないんだね。

①食塩を水にとかす前　②食塩を水にとかしたあと

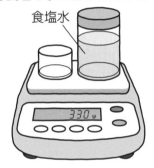

食塩　水

食塩水

電子てんびん

<実験>

①水を入れたふたつきの容器と，食塩を入れた容器を電子てんびんにのせて，全体の重さをはかる。

②食塩を水の入った容器に入れて，すべてとかしたあと，全体の重さをはかる。

<結果>

①と②の重さは変わらない。

この実験から，水の重さ＋食塩の重さは食塩水の重さであることがわかります。

水よう液の重さ

水の重さ	＋	とかしたものの重さ	＝	水よう液の重さ
（例）水100g	＋	食塩10g	＝	食塩水110g

重さのはかり方

ものの重さをはかるときは，電子てんびんや上皿てんびんを使います。

電子てんびんの使い方

①水平なところに置く。

②スイッチを入れ，表示が「0g」になるようにする。

③はかるものを，静かに皿の上にのせる。

④表示を読み取る。

皿

上皿てんびんの使い方（重さのわからないもののはかり方）

①水平なところに置き，てんびんが水平につり合っていることを確かめる。

※針が中心から左右に同じはばでふれるとき，てんびんはつり合っている。はりが目盛りの中心で止まったときではないことに注意しよう。

②はかりたいものを皿にのせ，もう一方の皿に分銅をピンセットでのせていく。

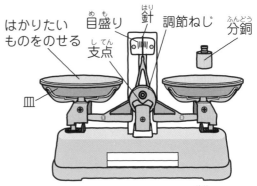

のせた分銅が重い場合はその次に重い分銅に変え，これをくり返して針をつり合わせる。つり合ったとき，皿にのせた分銅の重さの合計が，はかるものの重さになる。

チェック 2 次の問題に答えましょう。　　　　　　　　　📬答えは別冊p.17へ

（1）水100 gに食塩15 gをすべてとかすと，水よう液の重さは何gになりますか。

（　　　　　　　　　）

（2）上皿てんびんがつり合っているとき，針はどのようにふれますか。

（　　　　　　　　　）

---

3 ものが水にとける量

授業動画はこちらから 📺114

🫧食塩が水にとける量

食塩が水にとける量には限りがあるのでしょうか。水にとける食塩の量を調べてみましょう。

＜実験＞

①ビーカーに水を50 mL入れ，食塩を1 gずつ加えかき混ぜてとかす。食塩がとけなくなるまでくり返す。

②次に，ビーカーに50 mLの水を加え，合計100 mLにする。さらに食塩を加えていき，とけなくなるまでくり返す。

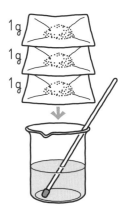

＜結果＞

水の量（mL）	とけた食塩の量
50	18 g
100	35 g

一定の量の水にとける食塩の量には，**限りがある**ことがわかりました。また，**水の量を増やすと，食塩がとける量も増える**ことがわかりました。

ホウ酸，ミョウバンが水にとける量

　食塩と同じように，50 mLと100 mLの水にホウ酸とミョウバンをそれぞれ1gずつとかしていきます。結果を表にすると，次のようになりました。

水の量（mL）	とけたホウ酸の量	とけたミョウバンの量
50	2g	6g
100	5g	12g

　これらの結果から，ものによって水にとける量には**ちがいがある**こと，食塩と同じように，**水の量を増やすと，とける量も増える**ことがわかりました。

つけたし　・ホウ酸…無色。殺虫ざいや消毒液，目薬などに使われる薬品。
　　　　　　・ミョウバン…白色。ナスのつけ物や，にものをつくる時に使われる。

ポイント　水にとけるものの量

- ・決まった量の水にとけるものの量には，**限りがある**。
- ・ものによって，**水にとける量にはちがいがある**。
- ・とかす水の量が変わると，**ものがとける量も変わる**。
  （水の量が**2倍**になると，とける量も**2倍**になる。）

とけ残ったものをとかす方法

　水にとけ残ったものをとかすには，水の量を増やす以外にどんな方法があるでしょうか。あたたかいコーヒーや紅茶には，さとうが簡単にとけますね。同じように水をあたためていき，とける量がどのように変わるか，実験してみましょう。

＜結果＞

- ・食塩…水の温度が上がっても，とける量はほとんど変わらなかった。
- ・ホウ酸…水の温度が高くなるにつれて，とける量は増えた。
- ・ミョウバン…水の温度が高くなると，とける量が増えた。特に，60℃以上になると，とける量が急げきに増えた。

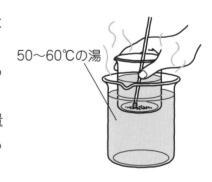

50～60℃の湯

ポイント　水にとけ残ったものをとかすには

①**水の量を増やす**。　　　②**水の温度を上げる**。

チェック 3　次の問題に答えなさい。 ➡答えは別冊p.17へ

（1）　食塩をとかす水の量が増えると，とける食塩の量はどうなりますか。（　　　　　　　　）
（2）　水にとけ残ったホウ酸をとかすには，水の温度をどうすればいいですか。
（　　　　　　　　）

4 とかしたものを取り出す方法

授業動画は
こちらから

　水にとかしたものは，次のような方法で取り出すことができます。

①水よう液を火にかけて熱して**蒸発**させる。

　水よう液を蒸発皿に入れて熱すると，水が蒸発し，と
けていたものが蒸発皿に残ります。

②冷ました水よう液を**ろ過**する。

　水の温度を上げるなどして，ものをたくさんとかした
水よう液を冷ましておくと，つぶがあらわれます。そ
れをろ過すると，水にとけていたものがろ紙の中に残
り，取り出すことができます。

蒸発皿　　金あみ
三きゃく

＜ろ過とは＞

　液体をろ紙でこして，混ざっている固体を取りのぞくこと。下の図のようにろ
紙を折って，ろうとにはめる。ろうとをろうと台にのせ，ろうとの足をビーカー
の側面につける。ガラス棒に伝わらせて，液を静かにそそぐ。

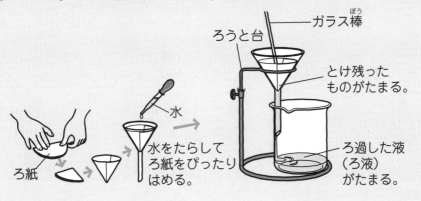
ガラス棒
ろうと台
とけ残った
ものがたまる。
水
水をたらして
ろ紙をぴったり
はめる。
ろ紙
ろ過した液
（ろ液）
がたまる。

　上の②で水よう液を氷水で冷やすと，水にとけていたも
のがさらに出てきます。

氷水
冷やす

水にとかしたものの取り出し方

一度水にとけた食塩・ホウ酸（さん）・ミョウバンを再び取り出すために，①と②の２つの方法を行ったところ，次のような結果になった。

	食塩	ホウ酸	ミョウバン
①火にかける	取り出せた	取り出せた	取り出せた
②冷ましてろ過（か）	取り出せなかった	取り出せた	取り出せた

- ホウ酸とミョウバン…水の温度を上げると水にとける量が増えたので，水よう液（えき）の**温度を下げる**ことによって，とけたものを取り出すことができた。
- 食塩…水の温度が上がっても水にとける量はほとんど変わらなかったので，食塩水の温度が下がってもとけたものは出てこなかった。

水の温度によってとける量がちがうものは，ろ過で取り出すことができます。

水の温度ととけるものの量

右のグラフは，100 gの水にとけるいろいろなものの量を水の温度別に表したものです。

このグラフから，同じものでも，温度によってとける量がちがうことがわかります。

食塩は，温度が上がってもとける量はあまり増えません。ミョウバンは60℃以上になると，とける量が急に増えます。

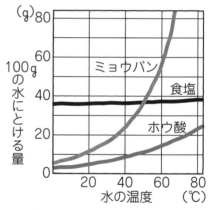

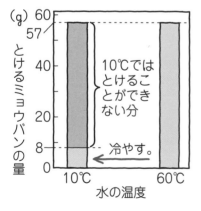

左の図は，100 gの水にとけるミョウバンの量です。10℃の水には8 g，60℃の水には57 gのミョウバンがとけることがわかります。60℃でミョウバンをとけるだけとかした水よう液を10℃まで冷やすと，どれくらいのミョウバンが固体になって出てくるかは，次のように計算して求めます。

57 g－8 g＝49 g

10℃ではとけることができないミョウバンの量，49 gがつぶとして出てきます。

ミョウバンとちがって，食塩は水の温度を下げるだけでは，出てこないのね。

塩をとり出す伝統的（でんとうてき）な方法に，海水を蒸発（じょうはつ）させる方法があるよ。

レッス24 の力だめし

授業動画は
こちらから

答えは別冊p.17へ

1 100 mLの水にとけたホウ酸と食塩の量を，右のグラフに表しました。次の問題に答えましょう。

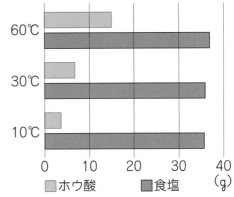

(1) 水の温度が上がると，とける量に大きな変化が見られるのは，ホウ酸と食塩のどちらですか。

(　　　　　　　　　　)

(2) 60℃の水100 mLに，ホウ酸10 gを入れてかき混ぜると，ホウ酸はどうなりますか。

(　　　　　　　　　　)

(3) 30℃の水200 mLに，ホウ酸10 gを入れてかき混ぜると，ホウ酸はどうなりますか。

(　　　　　　　　　　)

2 水にミョウバンを入れてかき混ぜると，(ア)のようにとけ残りました。そこで，このビーカーをあたためたところ，(イ)のようにすべてとけました。次の日，ビーカーに(ウ)のように白いつぶが出てきました。

(ア)　　　　　　　　(イ)　　　　　　　　(ウ)

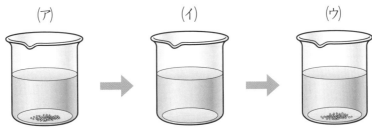

(1) (ウ)の白いつぶは何ですか。　　　(　　　　　　　　　　)

(2) (ウ)のように白いつぶがあらわれたのはどうしてですか。

(　　　　　　　　　　　　　　　　　　)

(3) (ウ)のつぶをもう一度すべてとかすには，どうすればよいですか。あてはまるものに○を書きましょう。

①液をあたためる。　　　　　(　　　　　)

②液にホウ酸を混ぜる。　　　(　　　　　)

③もう一度よくかき混ぜる。　(　　　　　)

④水の量を増やす。　　　　　(　　　　　)

レッスン25 ふりこのきまり ［5年］

このレッスンのはじめに♪

「ふりこ」はどんなものか，みなさんは知っていますか？　わたしたちの身のまわりには，ふりこのしくみを使ったものがたくさんあります。いろいろな実験をとおして，ふりこのしくみを学んでいきましょう。

1 ふりことは

こちらから授業動画は

ふりこ

糸をつるす点を固定し，もう一方におもりをつけてゆらすと，しばらくの間左右に行ったり来たりとふれ続けます。

このような動きをするものを**ふりこ**といいます。

おもりを下にたらすと，おもりの重さで糸はまっすぐにのびます。糸をつるしている点からおもりの中心までの長さを，**ふりこの長さ**といいます。**ふりこの長さは，糸の長さではないことに注意しましょう。**

おもりの中心が，ふれの真ん中の位置からおもりを引いたところまで移動する角度のことを，**ふれはば**といいます。**ふれはばは左右同じになります。**

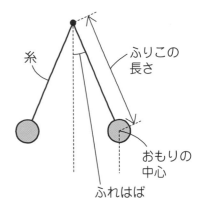

ふりこが1往復する時間

おもりがふれて，再びふり始めた位置におもりがもどってくることを，**ふりこが1往復する**といいます。

ふりこが1往復する時間はどのように求められるのでしょうか。1往復する時間だけを正確にはかるのは難しいですね。ストップウォッチのボタンのおし方などにより，実際にかかった時間とはかった時間にはズレが生じると考えられます。

そこで，まずふりこが10往復する時間を何回かはかって，その平均から求めるようにしましょう。

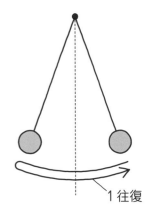

 ふりこが1往復する時間の求め方

① ふりこをスタートさせて，2往復くらいさせてからはかり始める。

② 10往復する時間をはかり，それを3回くり返す。

③ 3回分の「10往復する時間」の合計から，1回あたりの「10往復する時間」の平均を計算で求める。

④ ③から，「1往復する時間」の平均を計算で求める。

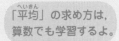「平均」の求め方は，算数でも学習するよ。

ふりこのきまり **183**

チェック1　次の問題に答えなさい。　　　　　　　　　　　　　　　◆答えは別冊p.17へ

（1）　ふりこの長さとはどの部分ですか。右の図のア～ウから選び，記号で答えましょう。

（　　　　　　　　　　　）

（2）　ふりこが1往復するとはどの部分ですか。右の図のA～Cから選び，記号で答えましょう。

（　　　　　　　　　　　）

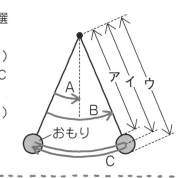

② ふりこが1往復する時間

授業動画はこちらから

ふりこが1往復する時間を計算で求める方法がわかりましたね。では，ふりこが1往復する時間は，何によって変わるのでしょうか。

①ふりこの長さ，**②おもりの重さ**，**③ふりこのふれはば**のうち1つだけを変えて，ふりこが1往復する時間がどう変わるのかをみてみましょう。

変える条件は①～③の中の1つだけにしてね。

もし条件を2つ変えてしまうと，原因がはっきりしなくなるよ。

✺ふりこの長さを変える

ふりこの長さを25 cm・50 cm・100 cmの3種類にし，おもりの重さ（10 g）とふれはば（30°）はどれも同じにします。

それぞれ10往復する時間を3回はかって，かかる時間の平均を求めます。

結果は次の表のようになりました。

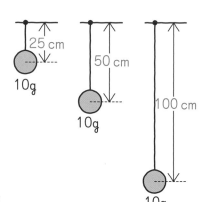

ふりこの長さ（cm）	10往復する時間（秒）				1往復する時間の平均（秒）
	1回目	2回目	3回目	平均	
25	10	9	11	10	1.0
50	14	13	15	14	1.4
100	19	20	21	20	2.0

ふりこの長さが25 cmのときを見てみましょう。

10往復する時間の平均は（10＋9＋11）÷3＝**10**　になり，1往復する時間

の平均は10÷10＝**1.0（秒）**ということがわかります。

　同様に，ふりこが1往復する時間の平均は，ふりこの長さが50cmのときは1.4秒，100cmのときは2.0秒となりますね。ふりこの長さが変われば，1往復にかかる時間も変わりました。

　この結果から，**ふりこの長さが長くなると，ふりこが1往復する時間も長くなる**ことがわかりました。

✿おもりの重さを変える

　次に，おもりの重さを10g・20g・30gの3種類にし，ふりこの長さ（50cm）とふれはば（30°）はどれも同じにします。

　先ほどと同じように実験し，1往復する時間の平均を求めたところ次の表のようになりました。

おもりの重さ（g）	1往復する時間の平均（秒）
10	1.4
20	1.5
30	1.4

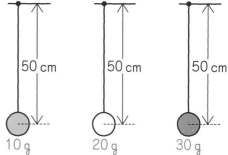

　おもりの重さを変えても，1往復する時間にあまりちがいは見られません。

　おもりの重さが変わっても，ふりこが1往復する時間は変わらないということがわかりました。

✿ふりこのふれはばを変える

　最後に，ふれはばを15°・30°・45°の3種類にし，ふりこの長さ（50cm）とおもりの重さ（10g）をどれも同じにします。1往復する時間の平均を求めたところ，次の表のようになりました。

ふれはば（角度）	1往復する時間の平均（秒）
15°	1.4
30°	1.4
45°	1.4

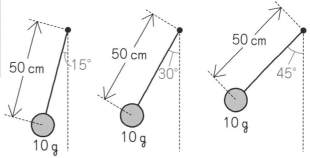

　ふれはばを変えても，1往復する時間にちがいはありませんでした。これは，ふれはばを大きくしたふりこはスピードが速く，ふれはばの小さいふりこは，ゆっくりと動くからです。

　ふりこのふれはばが変わっても，ふりこが1往復する時間は変わらないということがわかりました。

ポイント ふりこが1往復する時間と条件

- ・ふりこが1往復する時間は，**ふりこの長さによって変わる。**
- ・ふりこの長さが長いほど，**ふりこが1往復する時間も長くなる。**
- ・ふりこが1往復する時間は，**おもりの重さ・ふりこのふれはばを変えても変わらない。**

チェック 2 次の問題に答えなさい。　　　　　　　　　🐟**答えは別冊p.17へ**

（1）　ふりこが1往復する時間は，ふりこの何によって変わりますか。

　　　　　　　　　　　　　　　　　　　　　　　　　（　　　　　　　　　）

（2）　ふりこの長さが長くなると，ふりこが1往復する時間はどうなりますか。

　　　　　　　　　　　　　　　　　　　　　　　　　（　　　　　　　　　）

3 ふりこの利用

授業動画はこちらから

　　ふりこが1往復する時間は，ふりこの長さによってのみ決まります。この性質を利用したものは，わたしたちの生活の中でも使われています。

＜メトロノーム＞　音楽の速さ（テンポ）をあらわす器具で，棒が左右にふれる時間が一定に保たれるようにできています。おもりを上に動かすと，ふりこの長さが長くなるのでふりこが1往復する時間は長くなり，テンポはゆっくりになります。

＜ふりこ時計＞　時計の中のおもりの位置を上下に動かすことによって，ふりこの長さを変えて，針の進む速さを調節できる時計です。

＜おもちゃ＞　針金に輪をつくって，ねん土のおもりをつけます。輪に棒を通して固定します。ふりこが短いとおもちゃが速く動き，長いとゆっくり動きます。

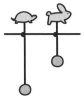

もっとくわしく

～ガリレオ・ガリレイ（1564年－1642年）～

　今から400年くらい前のこと，ガリレオという若者がいました。ガリレオはピサという町の大きな教会に入りました。夕方で中は少し暗くて，あかりがつけられたばかりのシャンデリアが大きくゆっくりとゆれていました。何気なくそれを見ていたガリレオは，シャンデリアのゆれるはばが変わっても，1往復する時間は変わらないのではないかと気づきました。そこで，手首の脈はくを数えて時間をはかってみると，やはりふりこが1往復する時間は変わらなかったのです。この発見は，世紀の大発見でした。

1 右の表は，ふりこが10往復するのにかかった時間を3回はかって，表にしたものです。

ふりこが10往復する時間

1回目	2回目	3回目
12.8秒	13.2秒	13.0秒

(1) 3回分の10往復する時間の合計を求めましょう。

式

答え（　　　　　　　　）

(2) 1回あたりの10往復する時間の平均を求め，1往復する時間の平均を求めましょう。

式

答え（　　　　　　　　）

(3) ふりこが1往復する時間を調べるのに，10往復する時間を3回はかるのはなぜですか。次のⒶ～Ⓒから1つ選び，記号で答えましょう。

（　　　　　　　　）

Ⓐふりこが1往復する時間は，いつも変わるから。
Ⓑふりこが1往復する時間は，1回だけはかるのが楽だから。
Ⓒふりこが10往復する時間から平均を計算する方がより確かだから。

2 下の図のようなふりこがあります。次の問題に答えましょう。

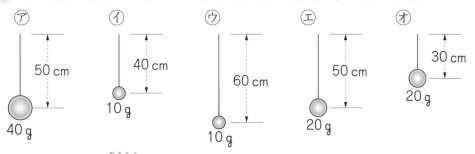

ア 50 cm 40 g　イ 40 cm 10 g　ウ 60 cm 10 g　エ 50 cm 20 g　オ 30 cm 20 g

(1) ふりこが1往復する時間が一番長いのはどれですか。（　　　　　　）

(2) ふりこが1往復する時間が一番短いのはどれですか。（　　　　　　）

(3) 上のアとイのふりこの1往復する時間を同じにするには，イのふりこをどうしたらいいでしょうか。

（　　　　　　　　　　　　　）

レッスン26 ものの燃え方 ［6年］

このレッスンのはじめに♪

　ここからは，6年生の内容を勉強していきます。まずは，「ものが燃える」ということについてです。実は，ものが燃えるためには，わたしたちのまわりにある「あるもの」がなくてはならないんですよ。さて，それは何でしょうか？

1 ものの燃え方と空気

授業動画は
こちらから ··· 122 123

122 ♣ものの燃え方と空気

ガラスびんの中に火のついたろうそくを入れてふたをすると，火はだんだん小さくなって消えてしまいます。これは，びんの中と外で空気の出入りができなくなったためです。**長い間ものが燃え続けるためには，新しい空気が必要**です。

ポイント びんの中のろうそくの燃え方

びんの中でろうそくを燃やし続けるためには，びんの中の空気が出て，**新しい空気が入る**ことが必要。

びんの口をせまくしたとき　　びんの口を広くしたとき　　びんの底にすき間をつくったとき

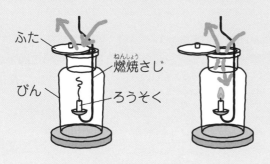

空気が出入りできない　　　空気が出入りしやすい　　　空気がとても出入りしやすい
⇒火が消える　　　　　　　⇒火が燃え続ける　　　　　　⇒火がよく燃え続ける

つけたし

温まった空気は，下から上へ流れる性質があります。そのため，火の下のほうと上のほうにすき間があると，新しい空気が出入りしやすいのです。わたしたちが火を利用するときには，この性質を利用できるよう，燃やすものや道具にさまざまな工夫をしています。

＜火を燃やすための工夫の例＞

たき火　　　　　　　野外用コンロ　　　　　　ガスバーナー

どれも，火の下のほうから空気が入りやすいしくみになっているよ。

下から空気が入り，木が燃える。　　すきまから空気が入り，炭が燃える。　　空気がガスと混ざり，燃える。

チェック1 次の問題に答えましょう。　　　　　　　　　　　🡆 答えは別冊p.18へ

（1）　びんの中に火のついたろうそくを入れたとき，ふたをしめているびんと開けているびんではどちらのほうが長く燃えていますか。　　　　　　　　（　　　　　　　）

（2）　ものが燃え続けるためには，何が必要ですか。　　　　　　　（　　　　　　　）

🔩空気の成分

　空気は，さまざまな気体が混ざってできています。その割合は，**約80%がちっ素，約20%が酸素，残りが二酸化炭素など**です。

> ### ポイント 空気中の気体の体積の割合
>
> 空気は，**ちっ素，酸素，二酸化炭素**などからできている。
>
> | ちっ素 約78% | 酸素 21% |
> |---|---|
>
> 他の気体（二酸化炭素など）
>
> ちっ素，酸素，二酸化炭素は，どれもとうめいで，においのない気体よ。

🔩ものを燃やす気体を調べる

　空気中のどの気体にものを燃やすはたらきがあるのか，調べてみましょう。びんの中にちっ素，酸素，二酸化炭素をそれぞれ集め，その中でろうそくの火を燃やしてみます。

＜実験＞

①　水そうの中にびんを一度しずめ，下の図のように口を下にして立てる。

②　調べたい気体のボンベからチューブをのばし，びんの口に差しこんで気体を入れる。

③　気体がびんにじゅうぶん入ったら，びんの口にふたをして水から出し，火のついたろうそくを入れて，またふたをしてようすを観察する。

①

②

③

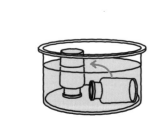

気体ボンベ

水

<結果>

ちっ素　……火はすぐに**消える**。

酸　素　……火は空気中よりも明るく，大きなほのおで**燃え続ける**。しばらく燃
　　　　　　えたあと，やがて消える。

二酸化炭素……火はすぐに**消える**。

ちっ素　　　　　　　　酸素　　　　　　　二酸化炭素

　実験の結果から，ものを燃やすはたらきのある気体は酸素だとわかります。

　酸素があると，ものはよく燃えます。酸素で満たしたびんの中では，スチール
ウール（鉄）などの金属も燃やすことができるのです。

　ものが燃えると，酸素は使われて減っていきます。びんの中では，やがて酸素
が足りなくなり，火が消えます。

> ふたをしたびんの中でろうそくの火が消えてしまうの
> は，びんの中の酸素が減ってしまったからなんだね。

酸素を発生させる方法

　酸素をびんに集めるとき，
ボンベではなく，**二酸化マン
ガンにうすい過酸化水素水**を
加えることで発生させること
もできます。

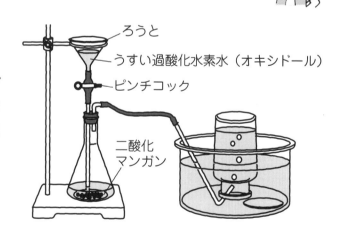

ろうと
うすい過酸化水素水（オキシドール）
ピンチコック
二酸化マンガン

ポイント　酸素の発生

　酸素は，**二酸化マンガン**に**うすい過酸化水素水**を加えると発生する。

チェック **2**　次の問題に答えましょう。　　　　　　　　　　　答えは別冊p.18へ

（1）　空気の成分のうち，ものを燃やすはたらきがあるのは何という気体ですか。

（　　　　　　　　　　　）

（2）　（1）の答えの気体を発生させるためには，何に何を加えるとよいですか。

（　　　　　　　　　　　に　　　　　　　　　　　を加える　）

2 ものが燃える前後の空気

授業動画は
こちらから

🔬気体の量の調べ方

1 では，ものを燃やすとき，酸素が必要だということを学習しました。では，ものを燃やす前とあとでは，空気の成分はどう変わっているのでしょうか。気体の体積の割合を調べることができる，**気体検知管**というものを使って調べましょう。

<気体検知管の使い方>

① チップホルダに気体検知管の先を入れ，回しながら折る（両はしとも同じようにする）。

② 検知管の矢印がないほうにカバーゴムをつけ，矢印の側を気体採取器に差しこむ。

③ 採取器とハンドルの根もとの印を合わせる。

④ びんなど調べたい空気のある場所に検知管を入れ，ハンドルを一気に引き，決められた時間待つ。

⑤ 採取器から検知管を取り外し，色が変わっている部分の目盛りを読む。

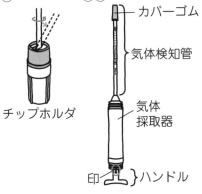

注意　気体検知管の先を折るときに，折り口で手を切らないよう気をつける。
ハンドルを引いたあとの検知管は熱くなっているので，冷えるまでさわらない。

気体検知管には，酸素用，二酸化炭素用（0.03～1.0%用，0.5～8.0%用）などがあります。自分が調べたい気体に合わせて，検知管を選びましょう。

二酸化炭素用検知管は，ふつうの空気について調べる時は0.03～1.0%用を，二酸化炭素が多そうな場所を調べる時は0.5～8.0%用を使います。

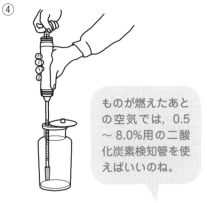

ものが燃えたあとの空気では，0.5～8.0%用の二酸化炭素検知管を使えばいいのね。

♣ものが燃える前とあとの空気

　ろうそくが燃える前とあとの空気を気体検知管で調べると，燃えたあとの空気では，前の空気に比べて**酸素が減って，二酸化炭素が増えている**ことがわかります。ちっ素の量は，燃える前とあとで変化しません。

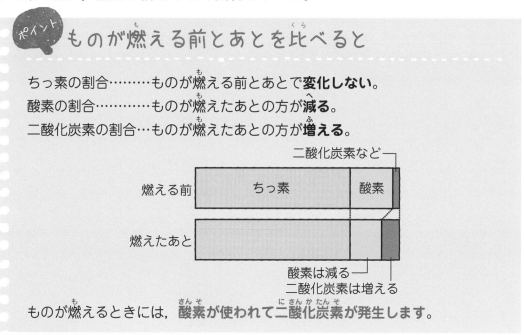

ポイント ものが燃える前とあとを比べると

ちっ素の割合………ものが燃える前とあとで**変化しない**。
酸素の割合…………ものが燃えたあとの方が**減る**。
二酸化炭素の割合…ものが燃えたあとの方が**増える**。

二酸化炭素など

| 燃える前 | ちっ素 | 酸素 |

| 燃えたあと | | |

酸素は減る
二酸化炭素は増える

ものが燃えるときには，**酸素が使われて二酸化炭素が発生します**。

もっとくわしく

二酸化炭素は，酸素と炭素が結びついてできたものです。ろうそくや木，紙など，炭素をふくんだものを燃やすときに，二酸化炭素が発生します。スチールウールなどの金属を燃やした場合は，酸素は使われますが，二酸化炭素は発生しません。くわしくは中学校で学習します。

紙　　木
ろうそく
燃やすと二酸化炭素が発生する

スチールウール
アルミホイル
空き缶
発生しない

チェック 3　次の問題に答えましょう。　　　　　　　　　　👉答えは別冊p.18へ

　ものが燃えたあと，燃える前に比べて増える気体，減る気体，変わらない気体をそれぞれ答えましょう。

増える気体（　　　　　　　　）
減る気体（　　　　　　　　）
変わらない気体（　　　　　　　　）

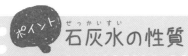 二酸化炭素の調べ方

126

ものを燃やしたあとに二酸化炭素が増えることは，**石灰水**を利用しても確かめることができます。

ポイント **石灰水の性質**

石灰水の色を調べるときは，容器にふたをして，しっかりふろう！

・**無色**で**とうめい**の液体
・**二酸化炭素と混ぜると，白くにごる**

空のびんの中に石灰水を入れて混ぜても，石灰水の色は変わりません。しかし，びんの中でろうそくを燃やし，その火が消えたあとに石灰水を入れて混ぜると，石灰水は白くにごります。

火のついたろうそくを
入れる前のびん
⇒石灰水を混ぜても
白くにごらない

ろうそくの火が消えた
あとのびん

ろうそくを取り出し
石灰水を入れて混ぜる
⇒石灰水は白くにごる

石灰水

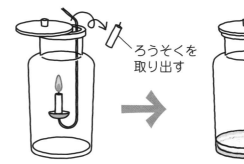

ろうそくを
取り出す

火が消えたあとの
びんは石灰水が白
くにごったわ。

ろうそくを燃やし
たあと，二酸化炭
素が増えたことが，
よくわかるね！

チェック 4 次の問題に答えましょう。　　　　　🐾 答えは別冊p.18へ

(1) 石灰水は，何という気体と混ぜると変化しますか。 （　　　　　　　）
(2) (1)のとき，その変化はどのようなものですか。 （　　　　　　　）

レッスン26 の力だめし

➡ 答えは別冊p.18へ

1 右の図のように，びんの中に火のついたろうそくを入れて半分ほどふたをすると，火はまもなく消えました。これについて，次の問題に答えましょう。

ふた
ろうそく
びん
燃焼さじ

(1) ろうそくの火が消えたのはなぜですか。「空気」「出入り」「酸素」という言葉を使って説明しましょう。
（　　　　　　　　　　　　　　　　　　　　　　）

(2) ろうそくの火をもっと長持ちさせるために，どんな工夫をすればいいですか。文の中の {　　　} のどちらかを選び，○で囲みましょう。

① びんをより {ア. 大きな　　イ. 小さな} ものに変える。

② びんのふたを動かして，口を {ア. 広くする　　イ. せまくする}。

(3) 底が開いているびんに変え，右の図のように下にすき間を作ってろうそくに火をつけました。この時の空気の動きを，「→」を使って右の図に書きこみましょう。

すきま

2 空気中の成分であるちっ素，酸素，二酸化炭素について，あてはまる説明をすべて選び，記号で答えましょう。同じ記号を何度選んでもかまいません。

ア. 石灰水を白くにごらせる。

イ. 空気の体積の約80%をしめている。

ウ. 無色でとうめいである。

エ. 二酸化マンガンにうすい過酸化水素水を加えると発生する。

オ. ものを燃やすはたらきがある。

ちっ素（　　　　　　　） 酸素（　　　　　　　） 二酸化炭素（　　　　　　　）

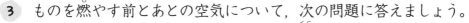

3 ものを燃やす前とあとの空気について，次の問題に答えましょう。

(1) ものを燃やしたあとでは，燃やす前と比べて空気の成分はどう変化しましたか。
（　　　　　　　　　　　　　　　　　　　　　）

(2) びんなどの中の空気に気体がどれくらいあるかを調べることができる，右の図のような道具を何といいますか。
（　　　　　　　　　　　）

このレッスンのはじめに♪

　息をするとき，ものを食べるとき，わたしたちの体の中でどんなことが起こっているか知っていますか？　レッスン27では，人や動物が生きるための体のしくみについて，学んでいきましょう。

1 呼吸のしくみ

授業動画は
こちらから

🔆吸う空気とはいた空気

　わたしたちはふだん，意識をしないままに，空気を吸ったりはいたりしています。わたしたちが吸う空気とはいた空気では，何かちがいがあるのでしょうか。レッスン26で学習した方法を活用して，調べてみましょう。

〈実験〉

Ⅰ　まわりの空気とはいた空気をそれぞれとうめいなふくろにいっぱいに集め，石灰水を入れてふる。

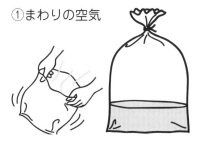

①まわりの空気　　②はいた空気

　①　まわりの空気を集めたふくろのほうは，何もおこらなかった。

　②　はいた空気を集めたふくろは，**石灰水が白くにごった。**

Ⅱ　気体検知管（空気中の酸素や二酸化炭素を調べる実験器具→192ページ）で，Ⅰで集めた空気を調べる。

　はいた空気はまわりの空気と比べて，**酸素が少なく，二酸化炭素が多かった。**

 まわりの空気とはいた空気のちがい

まわりの空気（吸う空気）とはいた空気を比べると，はいた空気では**酸素が少なくなり，二酸化炭素（と水分）が多くなる。**

	酸素	二酸化炭素（＋水）
まわりの空気	多い	少ない
はいた空気	少ない	多い

はいた空気は，まわりの空気よりしめっているよ。

　わたしたちは息をするときに，**空気を吸って酸素を体に取り入れ，二酸化炭素を出しています。**これを，呼吸といいます。人間が生きていくためには，呼吸をし続けなければいけません。また，人間だけでなく，鳥や魚などすべての動物は，呼吸をしなければ生きていけません。

チェック1　次の問題に答えましょう。　　　　　　　　　　答えは別冊p.19へ

（1）　人間や動物が息をすることを何といいますか。　　　　（　　　　　　　　　）
（2）　まわりの空気とはいた空気で，二酸化炭素（にさんかたんそ）が多いのはどちらですか。

（　　　　　　　　　）

🫧呼吸のしくみ

深呼吸（しんこきゅう）をしてみましょう。吸（す）いこんだ空気が，のどを通って胸（むね）いっぱいに広がるのを感じますね。その胸の内側には，肺（はい）があります。肺を使って，酸素（さんそ）を取り入れて二酸化炭素（にさんかたんそ）を出しています。

ポイント　呼吸（こきゅう）の流れ

・吸（す）った空気は，口や鼻→気管→肺　と進む
　（はく時はその逆）。
・肺に入った酸素（さんそ）は，肺の中の血管に取り入れられ，かわりに二酸化炭素（にさんかたんそ）が出される。

気管は枝分かれして，左右の肺につながっているのよ。

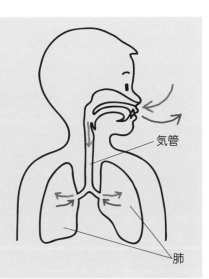

気管

肺

🫧いろいろな動物の呼吸（こきゅう）

人間以外の動物も，生きていくために呼吸をしなければいけません。動物の中には，人間と同じように肺で呼吸しているものもいれば，水中でえらを使って呼吸をするものもいます。

肺で呼吸する動物	えらで呼吸する動物
人間　イヌ　クジラ　ペンギン　ヘビ　カエル	魚　オタマジャクシ　イカ　貝

つけたし

えらを使って呼吸をする動物は，空気ではなく水から酸素を取り入れます。

チェック2　次の文中の，（　　　　　　）にあてはまる言葉を書きましょう。　　　　　答えは別冊p.19へ

息を吸（す）うと，鼻や口から入った空気は（①　　　　　　　）を通って（②　　　　　　　）に入る。そこで（③　　　　　　　）が血管に取り入れられ，（④　　　　　　　）が出される。

129

2 消化のしくみ

わたしたちは毎日，ごはんや飲み物，おかしなど，さまざまなものを口にしていますが，そのままの形では体の中で上手に利用することができません。食べたものを細かくやわらかくして，吸収しやすいようにしています。このような，**体の中で食べ物を吸収しやすい養分に変化させる**ことを，消化といいます。消化したあとで，消化によって生じた養分を**吸収**しています。

🫘口の中で起こっていること

わたしたちは食べ物を食べるとき，まず口の中でよくかみますね。これは，食べ物を細かくくだくためですが，だ液と混ぜあわせるという大事な意味があります。だ液にどんなはたらきがあるのか，ヨウ素液を使って確かめてみましょう。

＜実験＞

① ビーカーをふたつ用意し，それぞれに少量のご飯を入れる。

② ガラスぼうなどでご飯をつぶし，片方のビーカーだけ，ご飯の上にだ液を落とす。

③ 水そうに35℃くらいのお湯を入れ，ふたつのビーカーをそっとつける。

④ 5分以上待ってから，ビーカーにヨウ素液を入れ，反応を確かめる。

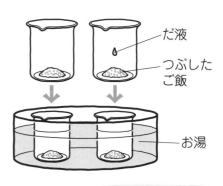

だ液
つぶした
ご飯
お湯

ヨウ素液は，でんぷんに反応して色が変わるんだったね。

＜結果＞

だ液を落としていないご飯…色が変わる→**でんぷんがふくまれる。**

だ液を落としたご飯…………色が変わらない→**でんぷんがふくまれない。**

つけたし
お湯でビーカーを温めるのは，人の体温に近いかんきょうで実験するためです。

ポイント だ液のはたらき

だ液には，**ご飯やパンなどにふくまれるでんぷんを，体に吸収されやすいもの（糖）に変えるはたらき**がある。

チェック 3　次の問題に答えましょう。　　　　　　　　　　　　　答えは別冊p.19へ

（1）　動物が，体の中で食べ物を吸収しやすいものに変化させることを，何といいますか。

（　　　　　　　　　　　）

（2）　ご飯などにふくまれ，だ液のはたらきによって別のものに変わる成分は何ですか。

（　　　　　　　　　　　）

消化と吸収

　人や動物の体の中には，食べ物が通る長いトンネルがあります。このトンネルのことを，消化管といいます。消化管からは，だ液や胃液などの消化液が出されます。食べたものは，口から小腸までの間に消化液のはたらきで，どろどろに消化されるのです。**このどろどろの食べ物から必要な養分を吸収する**のが小腸の役割です。

ポイント　消化管と消化液

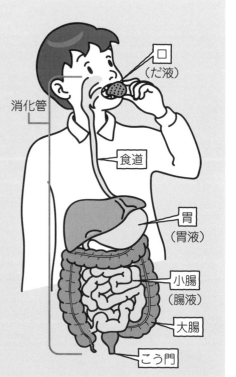

　□　…食べ物を細かくくだき，**だ液**ででんぷんを糖に変える。
↓
食道　…口と胃をつなぐ，細長い管。消化は行わない。
↓
　胃　…**胃液**で，食べ物をどろどろにする。
↓
小腸　…**腸液**で，食べ物をどろどろにし，**養分などを吸収**する。
↓
大腸　…小腸で吸収されなかった残りかすから水分などをしぼり取り，便としてかためる。
こう門…便を体の外に出す。

消化管

口
（だ液）

食道

胃
（胃液）

小腸
（腸液）

大腸

こう門

チェック 4　次の問題に答えましょう。　　　　　　　　　　　　　答えは別冊p.19へ

（1）　体の中を食べ物が通る，長いトンネルのことを，何といいますか。

（　　　　　　　　　　　）

（2）　口，胃で出される消化液を，それぞれ何といいますか。

□（　　　　　　　　　　）胃（　　　　　　　　　　）

3 血液のじゅんかんと臓器 授業動画はこちらから

血液の役割とじゅんかん

吸収された酸素や養分は，体じゅうにはりめぐらされた**血管**を通る**血液**によって，全身に運ばれます。

ポイント 血液の役割

・肺で取りこんだ**酸素**を全身へ運び，全身から二酸化炭素を受け取って再び肺に運ぶ。

・小腸で吸収した**養分**を**かん臓**へ運ぶ。その後全身へ送る。

血液が全身をめぐることを，**血液のじゅんかん**といいます。血液をじゅんかんさせる，ポンプの役割をしているのが**心臓**です。

心臓の筋肉が縮んだりゆるんだりすることで，血液の流れが生まれます。この心臓の動きを，**はく動**といい，それによって起こる血管の動きを**脈はく**といいます。心臓は，わたしたちが起きているときもねているときも，止まることなく血液を全身に送り続けているのです。

自転車のタイヤの空気入れみたいに，心臓が血液を全身に送り出しているんだね。

ポイント 血液のじゅんかん

血液は，まず**心臓から肺に送られる。**
↓
二酸化炭素を出し酸素を受け取って，もう一度心臓にもどる。
↓
酸素をたっぷりふくんだ血液が全身へ送られる。

血液が全身をめぐる間に，酸素はあちこちへ運ばれて使われ，かわりに二酸化炭素が増えていきます。そうして心臓にもどってきた血液が，肺へまた送られます。

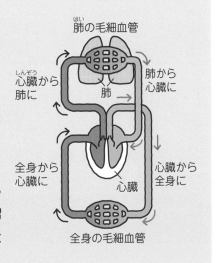

肺の毛細血管
心臓から肺に
肺から心臓に
肺
全身から心臓に
心臓から全身に
心臓
全身の毛細血管

さまざまな臓器

　他にも，体の中にはさまざまな部分があります。胃や小腸，肺(はい)，心臓(しんぞう)など，体の中で特定の役割(やくわり)をもっているひとかたまりのことを，**臓器**(ぞうき)といいます。それぞれの臓器が血管などでつながって，連係しあいながらはたらいています。

ポイント さまざまな臓器

呼吸(こきゅう)にかかわるもの	肺
消化に関わるもの（消化管）	胃，小腸，大腸
その他	心臓……血液をじゅんかんさせるポンプ。 **かん臓**…**小腸(しょうちょう)が吸収(きゅうしゅう)した養分をたくわえる。** 養分は，必要なときに血液によって全身に運ばれる。 **じん臓**…**血液から不要なものをこし取り，余分な水分とともに尿(にょう)として体の外に出す。**

どの臓器がどこにあるのか，よく見ておいてね。

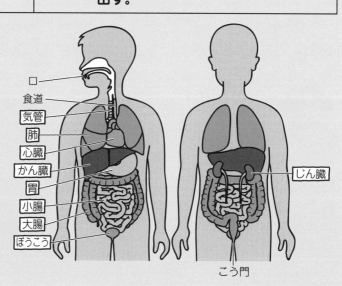

口
食道
気管
肺
心臓
かん臓
胃
小腸
大腸
ぼうこう
じん臓
こう門

チェック 5　　次の問題に答えましょう。　　　　　　　　🐾**答えは別冊p.19へ**

（1）　血液が全身に運んでいるものは何ですか。二つ答えましょう。
　　　　　　　　　　　　　（　　　　　　　　　　　）（　　　　　　　　　　　）

（2）　二酸化炭素が多いのは，心臓から全身へ出ていく血液と全身から帰ってくる血液のどちらですか。　　　　　　　　　　　　　　　　　　　　（　　　　　　　　　　　）

（3）　体に不要なものを血液からこし取るはたらきをもつ臓器は何ですか。
　　　　　　　　　　　　　　　　　　　　　　　　　　　（　　　　　　　　　　　）

27 の力だめし

授業動画は
こちらから

答えは別冊p.19へ

1 呼吸について，次の問題に答えましょう。

(1) 動物が生きていくためには，何という気体を体に取り入れる必要があり
ますか。　　　　　　　　　　　　　　（　　　　　　　　　）

(2) 鼻や口から吸った空気は，どこを通って左右の肺まで入りますか。
　　　　　　　　　　　　　　　　　　（　　　　　　　　　）

(3) 次の動物のうち，肺で呼吸するものを選んで書きましょう。

> イヌ，貝，ペンギン，魚，クジラ　　　（　　　　　　　　　）

2 食べ物の消化について，次の問題に答えましょう。

(1)① でんぷんを別のものに変えるはたらきがある，口の中で出される液を，
何といいますか。　　　　　　　　　　（　　　　　　　　　）

② ①の答えなどの，消化をするはたらきをもつ液のことを何といいますか。
　　　　　　　　　　　　　　　　　　（　　　　　　　　　）

(2) 次の説明に当てはまるものを，下の消化管の中から選んで，記号で答え
ましょう。

① どろどろにとけた食べ物から，養分を吸収する。

② のどの内側から腹までのびる，食べ物の通り道。消化は行わない。

③ 食べ物の残りかすから水分などをしぼり取って，便にかためる。

④ 胃液を出しながら食べ物をどろどろにとかし，体に吸収しやすくする。

　ア．大腸　イ．胃　ウ．小腸　エ．食道

①（　　　）②（　　　）③（　　　）④（　　　）

(3) (2)の記号を，口から入った食べ物が通る順に並べかえましょう。

口→（　　　）→（　　　）→（　　　）→（　　　）→こう門

3 右の図のアとイの臓器の名前を答え
ましょう。また，そのはたらきについて，
かんたんに説明しましょう。

ア　名前　　（　　　　　　）
　　はたらき（　　　　　　　　　）

イ　名前　　（　　　　　　）
　　はたらき（　　　　　　　　　）

レッスン 28 植物の体のつくりとはたらき

[6年]

このレッスンのはじめに♪

　今度は，植物の体について学んでいきます。植物が，動物のようにものを食べなくても生きていけるのはなぜなのでしょうか。そのひみつが，これから明らかになります。

1 植物の体と日光

授業動画は
こちらから 135

135 🎋植物の養分と日光

植物は，人のように毎日ごはんを食べなくても成長しますね。それは，**植物が自分で養分をつくることができる**からです。植物が養分をつくり出すためには，**日光**をたっぷり浴びることが必要です。

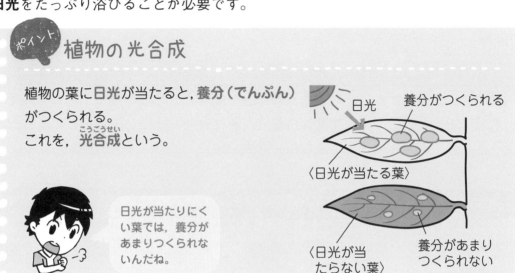

ポイント 植物の光合成

植物の葉に**日光**が当たると，**養分（でんぷん）**がつくられる。
これを，**光合成**という。

日光が当たりにくい葉では，養分があまりつくられないんだね。

日光
養分がつくられる
〈日光が当たる葉〉

〈日光が当たらない葉〉
養分があまりつくられない

光合成でつくられたでんぷんは，水にとける糖に変わって，くきから植物の体のすみずみに送られます。

🎋光合成のはたらきを確かめる実験

植物の葉が，光合成によってでんぷんをつくっていることを確かめましょう。

＜実験＞

① 2枚の葉をアルミホイルでおおい，葉に日光が当たらないようにしておく。

② 次の日，1枚の葉だけおおいを外し，光をたっぷり浴びさせる。

③ 2枚の葉をとり，でんぷんがあるかどうかヨウ素液で調べる。

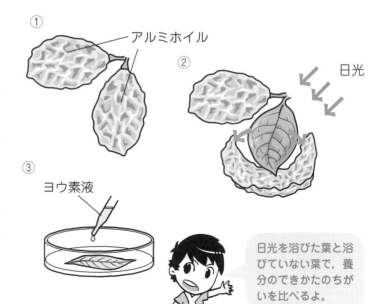

① アルミホイル

② 日光

③ ヨウ素液

日光を浴びた葉と浴びていない葉で，養分のできかたのちがいを比べるよ。

＜結果＞

日光を浴びた葉にだけ，でんぷんがつくられていた。

日光を浴びた葉　　　　　　日光を浴びてない葉

青むらさき色に染まった　　　色は変わらなかった
＝でんぷんがつくられている　＝でんぷんがつくられていない

　植物が日光を浴びることでつくられた養分は，くきなどを通って全体へ運ばれます。日光を浴びていない葉では，養分が運ばれたあと新しい養分がつくられなかったため，ヨウ素液で染まらなかったのです。

[葉をヨウ素液で染める方法]

　この実験では葉をヨウ素液で染めますが，葉は固いため，ごはんや豆のように，そのままではうまく染まりません。葉を湯でやわらかくしてから，エタノールやろ紙を使うと，うまく染めることができます。

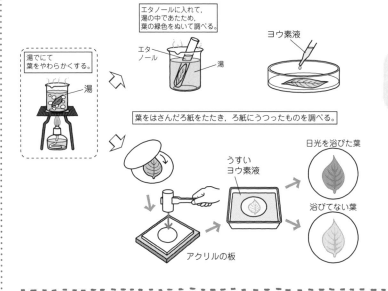

エタノールやろ紙がない場合は，2〜3分間葉をにると染めやすくなるよ。

チェック 1　次の問題に答えましょう。　　　🐷 答えは別冊p.20へ

（1）　植物が自分で養分をつくり出すためには，何が必要ですか。

（　　　　　　　　　）

（2）　植物がつくる養分は，主に何ですか。　　（　　　　　　　　　）

2 植物の体と水

💧水の通り道

　わたしたちが毎日水を取らなければ生きていけないように，植物にとっても水は重要です。植物は**根**から，水や，水にとけた養分を取り入れています。

　赤色の食用色素をとかした水に，ホウセンカの根をひたし，取り入れた水が体のどこを通っているのか確かめてみましょう。

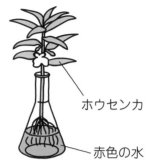

ホウセンカ

赤色の水

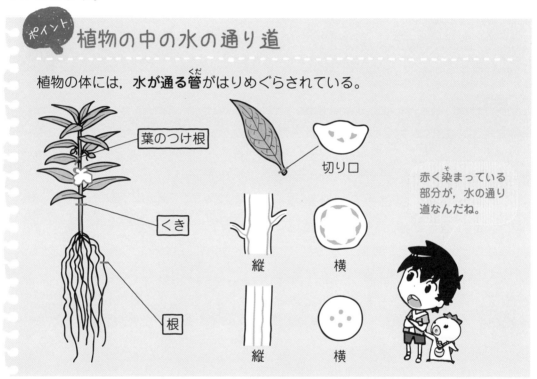

ポイント **植物の中の水の通り道**

植物の体には，**水が通る管**がはりめぐらされている。

葉のつけ根

切り口

くき

根

縦　　横

縦　　横

赤く染まっている部分が，水の通り道なんだね。

　植物の根から取り入れられた水は，専用の**管**を通って，根からくきへ，そして葉の先へと，**体のすみずみまで行きわたります**。

💧蒸散

　植物が根から取り入れた水は，おもに葉の表面の小さな穴（気こう）から，水蒸気の形で出ていきます。このはたらきを，**蒸散**といいます。せっかく取り入れた水をどうしてわざわざ出してしまうのか，と思う人もいるかもしれませんね。しかし，このはたらきは植物にとってとても大切な役割を果たしています。

ポイント # 蒸散のしくみと役割

葉の表面にある小さな穴（気こう）から，水を水蒸気として出すことを蒸散という。

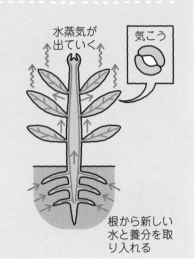

水蒸気が出ていく

気こう

蒸散の役割

・水を外に出すことで，体から水分を減らし，**根から水や水にとけた養分を取り入れる。**

・水が蒸発するときまわりの熱をうばうので，葉が高温になるのをふせぐ。

根から新しい水と養分を取り入れる

もっとくわしく

蒸散で水が蒸発すると，水の通る管では水分が不足します。すると，根から水を引っぱりあげる力が生まれ，この力で，植物は体内に水を取りこみます。ちょうど，ストローで飲み物を吸い上げるのと同じ力がはたらくのです。

身のまわりで蒸散のようすを探してみよう

よく晴れた日に，日なたの植物にとうめいなふくろをかぶせて口をしばって置いておくと，**ふくろの内側が水てきでくもります。** これは，蒸散が行われているからです。同じ植物で，葉をすべて取ったものにふくろをかぶせて置いておいても，**水てきはほとんどつきません。**

葉を残したもの

水てきがたくさんつく。

葉をすべて取ったもの

水てきがほとんどつかない。

蒸散を行う穴は，葉に集中しているよ。

チェック2　次の問題に答えましょう。　　　　　　　　　　　　　　答えは別冊p.20へ

（1）植物は，体のどこから水を取り入れますか。　　　　　（　　　　　　　　　）

（2）水が，葉の表面にある穴から水蒸気となって出ていくはたらきを何といいますか。

（　　　　　　　　　）

授業動画は
こちらから

答えは別冊p.20へ

1 右の図のように，アとイの2枚のジャガイモの葉にアルミはくをかぶせ，ひと晩置いておきました。次の朝，アの葉はアルミはくをかぶせたまま，イの葉はアルミはくを取って5時間日光に当てました。この2枚の葉について，次の問題に答えましょう。

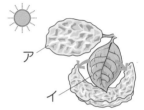

(1) 2枚の葉をヨウ素液につけたとき，色が変わるのはアとイのどちらですか。　（　　　　　　　　　）

(2) (1)の結果から，植物が養分をつくるためには何が必要だと考えられますか。　（　　　　　　　　　）

(3) (1)の実験ではヨウ素液につける前に，葉をお湯の中でしばらくにました。この理由を説明しましょう。

（　　　　　　　　　　　　　　　　　　　　　　　）

2 次の文は，植物の体と水のかかわりについて説明しています。（　）にあてはまる言葉を書きましょう。

植物が（①　　　　　　　　　）から取り入れた水は，決まった管を通って体のすみずみまで行きわたります。そして，葉の表面にある穴から（②　　　　　　　　　）となって出ていきます。この，水が体から出ていくはたらきを（③　　　　　　　　）といいます。

3 植物の体で，次の文がしめしているおもな場所を，下の 　　 から選んで答えましょう。同じ答えを何回使ってもかまいません。また，ひとつの文で答えを何個選んでもかまいません。

① 水を体に取り入れる場所。　　　　　　（　　　　　　　　　）

② 日光が当たると養分がつくられる場所。（　　　　　　　　　）

③ 水が通る管がある場所。　　　　　　　（　　　　　　　　　）

④ 水を水蒸気として体の外に出す場所。　（　　　　　　　　　）

根	くき	葉

レッスン 29 生き物とかんきょうのかかわり

［6年］

このレッスンのはじめに♪

「かんきょうを守ろう」とよく言われますね。かんきょうを守ることは，ほかの動物だけではなく，わたしたち人間の未来を守ることに直接つながっています。生き物どうしや生き物とかんきょうが，深くかかわりあっていることを見ていきましょう。

210

① 生き物どうしのかかわり

授業動画は
こちらから

池や川など，自然のかんきょうにすむメダカなどの魚は，水中にいる小さな生き物を食べています。

ポイント 池や川にすむ小さな生き物

池や川には，人間の目には見えないくらい小さな生き物がたくさんすんでいます。

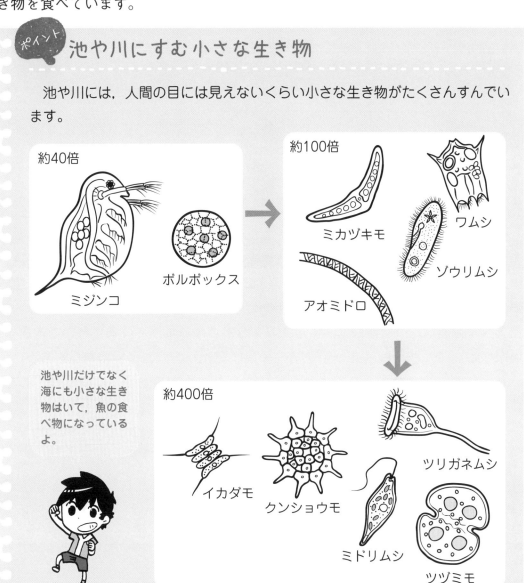

約40倍

ミジンコ

ボルボックス

約100倍

ミカヅキモ

アオミドロ

ワムシ

ゾウリムシ

約400倍

イカダモ

クンショウモ

ミドリムシ

ツリガネムシ

ツヅミモ

池や川だけでなく海にも小さな生き物はいて，魚の食べ物になっているよ。

❀食べ物を通したかかわり

わたしたちは毎日，肉や米，野菜などの食べ物から養分を取っていますね。その食べ物は，もともとは生きていた動物や植物です。その動物たちもまた，べつの動物や植物を食べて生きています。**生き物は，食べたり食べられたりすることでつながっています。**

食べ物を通した生き物のかかわり

生き物は，食べたり食べられたりすることで，

植物 → 植物を食べる動物 → 動物を食べる動物　という順（じゅん）につながっている。

草　　チョウの　カエル　　ヘビ　　　　キツネ
　　　　よう虫

木の実　　リス　　　　タカ　　　食べられる → 食べる
　　　　　　　　　　　　　　　　　　もの　　　　もの

　植物は，日光を浴びて**自分で養分をつくる**ことができます。しかし動物は養分をつくれません。そのため，動物は植物を食べて植物がつくった養分を取り入れ，またさらにその動物を食べて，生きています。このように，**食べ物を通した生き物のかかわりの始まりには，いつも植物がある**のです。

　食べ物を通したつながりは，生き物のすむあらゆる場所で見ることができます。場所によって，かかわりあう生き物の種類は変わりますが，**植物から始まる**ということは変わりません。このような食べ物を通した生き物のつながりのことを，**食物連鎖（しょくもつれんさ）**といいます。

草むらでのつながりの例

草　→　バッタ　→　トカゲ　→　モズ

土の中でのつながりの例

かれ葉　→　ミミズ　→　モグラ

もっとくわしく

植物を食べる動物のことを草食動物，動物を食べる動物のことを肉食動物，植物と動物の両方を食べる動物を雑食動物といいます。わたしたち人間は，植物も動物も食べるので雑食動物です。

雑食動物　タヌキ　人間　スズメ
肉食動物　ヘビ　ライオン　フクロウ
草食動物　ウサギ　ウマ　クワガタ

チェック1　食べられるもの→食べるもの，という関係になるように，二種類の生き物の間に矢印を書きこみましょう。　➡答えは別冊p.20へ

　(1)カマキリ ⋯⋯⋯ トノサマバッタ　(2)リス ⋯⋯⋯ タカ

空気を通したかかわり

　動物は，酸素を取り入れて二酸化炭素を出しています（呼吸）。また，ものが燃えたときにも，酸素が使われて二酸化炭素が発生しましたね。これだけ多くの酸素を使ってばかりなのに，空気中から酸素がなくならないのはなぜでしょうか。実は，**植物が，二酸化炭素を取り入れて酸素を放出している**からなのです。

ポイント 植物と空気の関係

・植物は，日光が当たると二酸化炭素を取り入れて酸素を出す。

水草に日光を当てると，酸素のあわがたくさん出てくるよ。

　植物が二酸化炭素を取り入れて酸素を出すのは，**その植物に日光が当たっているとき**です。植物も動物と同じように呼吸をしていますが，日光が当たっている間は，呼吸で酸素を取り入れる量よりずっと多く，酸素を出しているのです。

　こうしてできた酸素を，人間などの動物が使い，動物が出した二酸化炭素をまた植物が取り入れます。

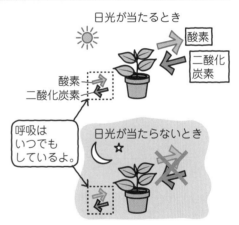

日光が当たるとき

酸素
二酸化炭素

酸素
二酸化炭素

呼吸はいつでもしているよ。

日光が当たらないとき

ポイント 空気を通した生き物のかかわり

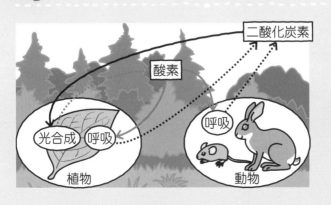

二酸化炭素

酸素

光合成　呼吸

植物

呼吸

動物

動物
・酸素を取り入れて二酸化炭素を出す（呼吸）。

植物
・二酸化炭素を取り入れて酸素を出す（光合成）。
・酸素を取り入れて二酸化炭素を出す（呼吸）。

（1）　植物は，日光が当たっているとき，主に空気中の何を取り入れて何を出しますか。
　　　（　　　　　　　　　　　　　　　）を取り入れて（　　　　　　　　　　　　　　　）を出す。

（2）　植物が，日光が当たっているときも当たっていないときも行っている，気体の出し入れを
　　　何といいますか。　　　　　　　　　　　　　　　　　　　　　（　　　　　　　　　　　　　　　）

② 人や生き物と環境のかかわり

授業動画は
こちらから

🔹生き物と水

　人間や動物は，水を飲まずに生きていくことはできません。植物にとっても，
水は生きていく上で欠かせないものです。水が生き物にとってどんなはたらきを
しているのか，まとめていきましょう。

水のさまざまなはたらき

・水は，**生き物の体の大部分をつくっている。**

　　人間（おとな）の体重の約60％，植物の約90％が水でできている。

　　水は，動物や植物の体じゅうをめぐって，**養分や不要なものを運んでいる。**

・水は，魚や水草などの**すみか**になっている。

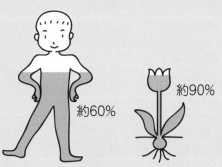

約90％

約60％

　動物も植物も，体の大部分は水でできています。体が水分で満たされているた
めに，その流れによって体じゅうに養分を行きわたらせたり，不要なものを体か
ら出したりすることができます。また，水は生き物のすみかとしても大切なはた
らきをしています。

水がないと植物は発
芽できないし，しお
れてしまうよ。人間
は水分不足で体調不
良になってしまうね。

💧水のじゅんかんと生き物

水は，さまざまな姿に変化しながら，地球上をめぐっています。どのように水はめぐり，またどのように生き物とかかわっているのか見ていきましょう。

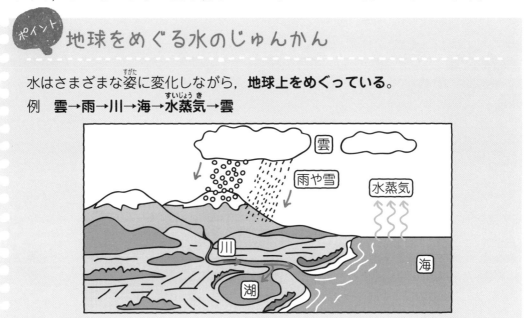

ポイント　地球をめぐる水のじゅんかん

水はさまざまな姿に変化しながら，**地球上をめぐっている。**

例　雲→雨→川→海→水蒸気→雲

雨や雪が地上に降ると，水は土の中にしみこみます。土中にしみこんだ水は，やがて集まり，1つの**川**となって**海**や湖などへ流れていきます。そして水面や地面から**蒸発**して**水蒸気**となり，上空で**雲**をつくって雨や雪となり，また地上に降りそそぎます。

こうした水のじゅんかんの中で，植物は土にしみこんだ水を根から吸い上げて蒸散し，人間や動物も水を飲み，利用します。そして，生き物が体の外へ出した水が，また大きな地球のじゅんかんの中へもどっていくのです。**生き物は，水のじゅんかんによって生かされています。**

水は生き物のすみかにもなっている

川は海へ流れる

海にすむ生き物

チェック3　次の問題に答えましょう。　　　　　🐟**答えは別冊p.21へ**

(1)　生き物の体の大部分は，何でできていますか。　　　（　　　　　　　）

(2)　地面や水面から蒸発した水蒸気は，上空に運ばれて何になりますか。

（　　　　　　　　　　）

🦥 わたしたちの暮らしとかんきょう

たくさんのものやエネルギーを使う人間の暮らしは，かんきょうにとても大きなえいきょうをあたえます。ほかの生き物やかんきょうへのえいきょうを少しでも小さくするために，暮らしの中でさまざまな工夫が必要とされています。

ポイント かんきょうへのえいきょうと工夫

水……ふろやトイレ，農業や工業などのために，とても多くの水を使っている。また，工場の薬品や家庭の洗ざいなどが川や海に流れて，水をよごしてしまうことがある。

ぼくたちが使った水をきれいにするために，下水処理場などのしせつがあるよ。

工夫の例　・使う水の量を節約する。
　　　　　・使った水をきれいにする。また，再利用する。
　　　　　・洗ざいなどはなるべくかんきょうにえいきょうがないものを
　　　　　　少しずつ使う。

空気……工業などさまざまな場面で燃料を燃やすため，空気中に二酸化炭素を大量に出している。さらに森林ばっさいなどにより，二酸化炭素を取り入れる植物の数は減っている。そのため近年，空気中の二酸化炭素の割合が増えている。また，自動車のはい気ガスや工場のけむりが，空気をよごしている。

工夫の例　・かんきょうにえいきょうの少ない発電方法や，発光ダイオードなどの電気の使用量が少ない電化製品を使う。
　　　　　・森林など植物の多いかんきょうを再生し，守る。

つけたし
空気中の二酸化炭素の割合が増えることは，地球温暖化（地球の気温が上がっていく現象）の原因のひとつだと考えられています。

レッスン 29 の 力だめし

授業動画は
こちらから

答えは別冊p.21へ

1 次の文中の，（　　　　　）にあてはまる言葉を書きましょう。

　生き物の呼吸（こきゅう）やものが燃える（ふ）ことで，空気中から（①　　　　　）が減って（②　　　　　）が増える。しかし，（③　　　　　）に日光が当たると（②）を取り入れて（①）を作るため，空気中の（①）と（②）の割合は大きく変化しないようになっている。

　動物の食べ物の元をたどっていくと，かならず（④　　　　　）に行きつく。（④）は食べ物をとらなくても，自分で（⑤　　　　　）をつくることができる。

2 次の図は，生き物とかんきょうのかかわりを表したものです。それぞれの矢印が何を表しているか，下の▢から選んで，答えましょう。

①（　　　　　　）
②（　　　　　　）
③（　　　　　　）

酸素（さんそ）	二酸化炭素（にさんかたんそ）	水

3 次の文が正しい場合は○を，まちがっている場合は×をつけましょう。

(1) 酸素（さんそ）と二酸化炭素（にさんかたんそ）のうち，近年空気中で割合が増えて（ふ）きているのは二酸化炭素である。　　　　　　　（　　　）

(2) 動物の体において，水は体重の約30%ほどである。　　　　　　　（　　　）

(3) 動物は，自分で養分をつくることができる。　　　　　　　（　　　）

(4) 食べ物を通した生き物のつながりは，生き物のいるあらゆる場所で見ることができる。　　　　　　　（　　　）

(5) 植物は，日光が当たっているときだけ呼吸（こきゅう）をしている。　　　　　　　（　　　）

レッスン30 月と太陽 ［6年］

このレッスンのはじめに♪

　月と太陽を見まちがえる人は，あまりいないでしょう。けれど，月と太陽のどこがどうちがうのか，はっきりと答えるのは意外と難しいかもしれません。月と太陽がどんな特ちょうをもっているのか，学んでいきましょう。

1 月の形と太陽

♣月が光って見えるしくみ

　月はまぶしく光っているように見えますが，自身で光を出しているわけではありません。**太陽の光**を反射（はんしゃ）することで，わたしたちの目にかがやいて見えるのです。

 月が光って見えるしくみ

月は，太陽の光を反射することで，光っているように見える。

　月に当たった太陽の光が，反射して地球のわたしたちに届（とど）く。

太陽の光が当たっていない部分は，かげになっているね。

　月の光のみなもとは太陽なので，月がどんな形に見えるときでも，そのかがやいて見える方向には，太陽があります。

太陽が見えない夜でも，月のかがやく向きを見れば，太陽がどの方向にあるのかわかるよ。

チェック1　次の文中の，（　　　　）にあてはまる言葉を書きましょう。　　➡答えは別冊p.21へ

　月は，自身で（①　　　　　　）を出していない。（②　　　　　　）の（①）を
（③　　　　　　　）することで，光っているように見える。

♣月と太陽の位置関係と月の形の変化

　月の形は，毎日変化しているように見えます。これは，**月と太陽の位置関係が変わり，月の太陽の光が当たっている部分とかげの部分の見え方が変わる**ためです。

月のかわりにボールを電灯で照らし，いろいろな位置に動かしたときにどんな形に見えるか確かめてみましょう。

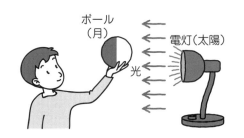

①ボールを電灯の反対に持つ

ボールの光っている部分だけが見える

②ボールを電灯に対して直角に持つ

ボールの光っている部分とかげの部分が半分ずつ見える

③ボールを電灯の正面で持つ

ボールのかげの部分だけが見える

①のように，電灯の反対を向いてボールを持つと，ボールは丸く光って見えます。そこからボールの位置を電灯のほうに動かしていくと，少しずつかげの部分が増えていきます。

②では，ボールは光っている部分とかげの部分が半分ずつ見えています。

③のようにボールを電灯のほうに向けると，ボールはかげの部分だけが見えます。

このように，ボールの光り方は，ボールと電灯の位置関係によって変わるのです。地球から月を見るとき，これと同じことが起こっています。

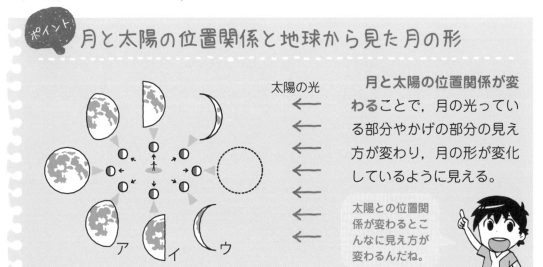

ポイント 月と太陽の位置関係と地球から見た月の形

太陽の光

月と太陽の位置関係が変わることで，月の光っている部分やかげの部分の見え方が変わり，月の形が変化しているように見える。

太陽との位置関係が変わるとこんなに見え方が変わるんだね。

ア　イ　ウ

220

ボールを電灯の反対に持ったときと同じように，地球から見て月が太陽の反対側にあるとき，月は丸く光って見えます。また，月が太陽と同じ方向にあるときは，月はほとんどかげになっていて見えません。地球から見た月の位置が太陽に近いほど月は細く，遠いほど太く見えます。

　前のページのポイントの図をよく見ると，ア〜ウの月は太陽のある方向と反対側が光っているように見えますね。おかしく思うかもしれませんが，これが正解なんです。ア〜ウの位置の月を地球から見ると，下の図のように，太陽は月の左側に見えることになります。「地球から見ると」に気をつけながら，もう一度ポイント内の図を確かめましょう。

月が
ア・イ・ウの位置にあるとき，
太陽は左側にある。

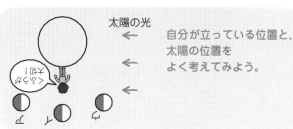

太陽の光

自分が立っている位置と，
太陽の位置を
よく考えてみよう。

➡️答えは別冊p.21へ

チェック 2　次の問題に答えましょう。

　右の図のふたつの月のうち，地球から見ると太陽に近い位置に見えるのはどちらですか。

（　　　　　　）

ア　　　　　　　　イ

🌛月の形の変化のしかた

　月と太陽の位置関係が毎日変わるのは，**月が地球のまわりを回っている**からです。

　月は**約30日**で地球のまわりを一周し，その間に月の形は決まったように変化していきます。月の形の変化のしかたを見ていきましょう。

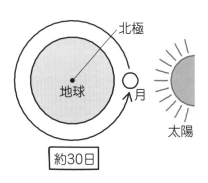

北極

地球

月

太陽

約30日

月は，地球から見えない状態（**新月**）から，毎日右のほうからだんだん光る部分が多くなっていきます。右側が細く光っている**三日月**や，右半分が光っている**半月（上弦の月）**を経て，**満月**になります。満月を過ぎると，また右のほうから少しずつ暗くなっていき，左半分が光っている**半月（下弦の月）**を経て新月にもどります。

右側が光っているのがこれから満月になる月，左側が光っているのがこれから新月になる月なんだね。

ポイント 月の形の変わり方

・新月→三日月→半月→満月→半月→新月と変化する。

・右からふくらみ，満月になると，右から欠ける。

・もとの形にもどるまで，**約30日**かかる。

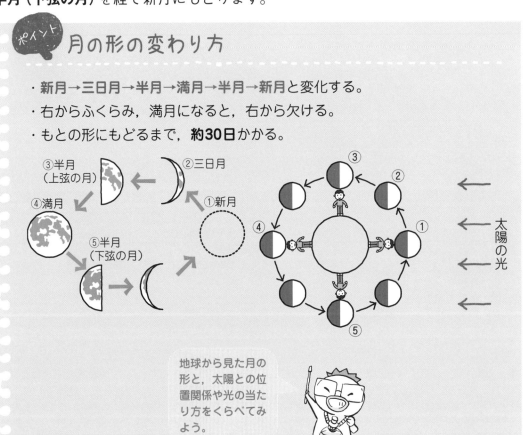

地球から見た月の形と，太陽との位置関係や光の当たり方をくらべてみよう。

もっとくわしく

　月の形は太陽との位置関係で決まるので，月ののぼる時間やしずむ時間が，形によってだいたい決まっています。

　満月は，太陽がしずむころにのぼり，夜明けにしずみます。逆に，新月は肉眼で見ることはできませんが，夜明けに太陽とともにのぼり，日がしずむのとほぼ同時にしずみます。月と時間の関係については，中学校でくわしく学習します。

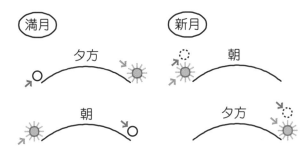

チェック **3** 次の問題に答えましょう。　　　　　　　　　　→答えは別冊p.21へ

次のいろいろな形の月を見て，形が変わっていく順番に，記号を並べましょう。

ア 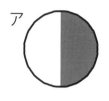　　イ 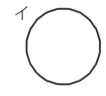　　ウ 　　エ

新月→（　　　　　）→（　　　　　）→（　　　　　）→（　　　　　）→新月

2 月と太陽の特ちょう

授業動画は
こちらから

月と太陽では，光り方以外にどんなちがいがあるのでしょうか。表面のようすを中心に，まとめていきましょう。

🌑月の特ちょう

月は地球から大きく見え，光もあまりまぶしくないため，そう眼鏡や望遠鏡などでよく観察できます。月の特ちょうをまとめてみましょう。

ポイント 月の特ちょう

・**球形**をしている。
・**岩石や砂**でおおわれている。
・自ら光を出さない。
・**海**という黒っぽい低地や，**クレーター**というたくさんの丸いくぼみがあり，全体がでこぼこしている。

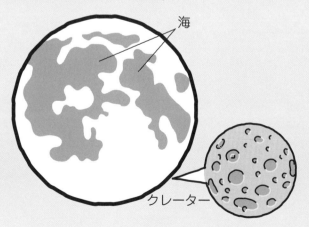

海

クレーター

月の模様をつくっている黒っぽい部分が，海よ。

🔭太陽の表面

太陽は光がとても強いので，観察のしかたを工夫しなければいけません。太陽を見る時は，直接ではなく，しゃ光板など専用の道具を使います。絶対に，そう眼鏡などでのぞいてはいけません。

強い光で，目をいためないようにね！

 太陽の特ちょう

・**球形**をしている。
・**自ら光や熱を出し**，はげしく燃えている。
・まわりより温度が低い**黒点**という部分がある。

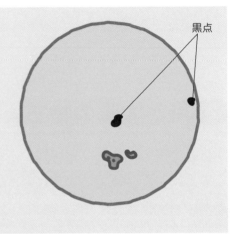

黒点

月と太陽のいろいろなちがいをまとめて，覚えておきましょう。

月	太陽
・光や熱を出さない ・海やクレーターがある ・地球に近い ・地球より小さい	・光や熱を出す ・黒点がある ・地球から遠い ・地球より大きい

つけたし

太陽は，月から地球までのきょりと比べると，地球からおよそ400倍遠いところにあります。一方で，太陽は月のおよそ400倍の大きさのため，地球から見ると，月と太陽はほぼ同じくらいの大きさに見えます。

チェック 4　次の問題に答えましょう。　　　　　　👉**答えは別冊p.21へ**

(1)　月の表面にたくさんある，丸いくぼみのことを何といいますか。

(　　　　　　　　)

(2)　そう眼鏡を使って観察できるのは，月と太陽のどちらですか。

(　　　　　　　　)

③0 の力だめし

授業動画は
こちらから [148]

答えは別冊p.22へ

1 右の図は，月と地球，太陽の位置関係
を表しています。月が①〜⑤の位置にある
とき，月は地球からどんな形に見えますか。
下から選んで，記号で答えましょう。

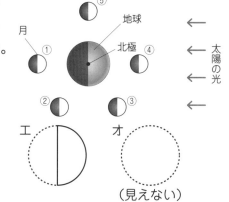

ア　イ　ウ　エ　オ

（見えない）

① (　　) ② (　　) ③ (　　) ④ (　　) ⑤ (　　)

2 次の図の中の点線は，月の位置を表しています。月がどんな形に見えるか
を太陽の位置から考えて，**1** の問題の月の形を参考にして書きましょう。

ここに書きましょう。

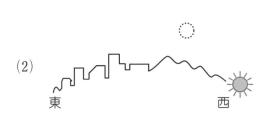

(1)

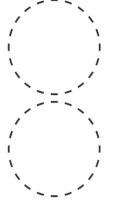

(2)

3 次の文章は，月や太陽について説明しています。それぞれ月，太陽のどち
らにあてはまるものか答えましょう。どちらにもあてはまるものには，両方と
書いてください。

①自ら光を出している。　　　　　　　　　　　　　(　　　　　　　　)

②表面にクレーターという丸いくぼみがある。　　　(　　　　　　　　)

③球形をしている。　　　　　　　　　　　　　　　(　　　　　　　　)

④自ら光を出さない。　　　　　　　　　　　　　　(　　　　　　　　)

⑤表面が砂や岩石でおおわれている。　　　　　　　(　　　　　　　　)

レッスン 3·1 土地のでき方と変化

[6年]

このレッスンのはじめに♪

　今あなたの立っている土地は，大昔はどんな場所だったのでしょう。海の底だったかもしれないし，もしかしたらきょうりゅうがいたかもしれません。土地がどうやってできたのか，そして，大昔の土地のことがなぜ今わかるのか，見ていきましょう。

1 土地をつくっているもの

授業動画は こちらから

🪨地面の下のようす

わたしたちが立っている土地の足もとには，地球の歴史がつまっています。地面の下の土や岩石を調べることで，そこが昔どのようなかんきょうだったのか，何が起こったのかがわかるのです。まずは，地面の下がどのようになっているのか見ていきましょう。

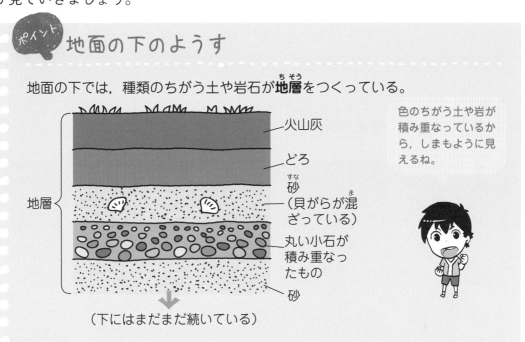

ポイント 地面の下のようす

地面の下では，種類のちがう土や岩石が**地層**（ちそう）をつくっている。

- 火山灰
- どろ
- 砂（すな）（貝がらが混（ま）ざっている）
- 丸い小石が積み重なったもの
- 砂

地層

（下にはまだまだ続いている）

色のちがう土や岩が積み重なっているから，しまもように見えるね。

地面の下では，**さまざまな土や岩石が層（そう）になって積み重なっています**。これを，**地層**（ちそう）といいます。地層は，切り立ったがけなどで，**直接**（ちょくせつ）観察することができます。近くに**がけ**がないときは，**ボーリング試料**を使って，地面の下のようすを調べることができます。

がけの観察

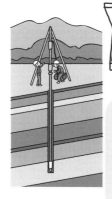

ボーリング試料

ボーリング試料は，土を機械で何m分もほり出して，深さごとにびんに入れたものだよ。何mの深さにどんな土があったのかが，ラベルに書いてあるよ。

チェック 1　次の問題に答えましょう。　　　　　　　　　　　👉答えは別冊p.22へ

（1）　種類のちがう土や岩石が何層も積み重なっているものを，何といいますか。

（　　　　　　　　　　　）

（2）　（1）は，どこで観察することができますか。

（　　　　　　　　　　　）

🪨地層をつくっているもの

地層をつくっているものはおもに，**れき**，**砂**，**どろ**です。これらは，つぶの大きさによって分けられています。

ポイント　地層をつくっているおもなもの

- ・れ　き…大きさが2mm以上の石。
- ・砂　…れきよりも小さい，ざらざらしたつぶ。
- ・ど　ろ…砂よりさらに細かく目にほとんど見えない，さらさらしたつぶ。

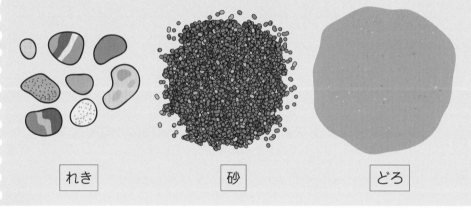

| れき | 砂 | どろ |

つけたし

どろのつぶは，16分の1mm以下の大きさです。地層を調べると，その中から生き物の体の一部や動物の足あとなどが見つかることがあります。これを，化石といいます。化石も，その土地の歴史を知るための重要な手がかりです。

アンモナイトの
化石

恐竜の
足あとの化石

アンモナイトの化石が見つかる地層は，昔は海だったのね。足あとの化石は，陸地や浅い水辺だった地層で見つかりやすいのよ。

チェック2 次の問題に答えましょう。　　　　　　　　　　　📖答えは別冊p.22へ

（1）　地層をおもにつくっている次のものを，つぶが大きい順に並べかえて書きましょう。
　　　（　どろ　れき　砂　）

　　　　　　　　　　　　　　　　　　　（　　　　　　→　　　　　　→　　　　　　）

（2）　地層の中から見つかる，生き物の体の一部や生き物の生活のあとのことを，何といいますか。　　　　　　　　　　　　　　　　　　　　　　（　　　　　　　　　　　　）

2 地層のでき方

授業動画は
こちらから　

🔬水のはたらきによる地層のでき方

　地層をつくっているれきや砂を観察すると，川原の石のように，**角が取れて丸みをもっているもの**が多くあります。そのような地層は，**流れる水のしん食，運ぱん，たい積**などのはたらきでできたものです。

水の流れによって，角ばった石は丸く小さくなるんだったね。

ポイント 水のはたらきによる地層のでき方

①高いところにある岩や土が，水の力でけずられる。**（しん食）**

②けずられたものが水の流れによって，小さくなりながら低いところへ運ばれる。**（運ぱん）**

③海や湖の底に，運ばれたものがしずんで層をつくってたまる。**（たい積）**

①～③の積み重ねで，地層ができる。

たい積するものに生き物の死がいなどがうもれると，化石ができるんだ。

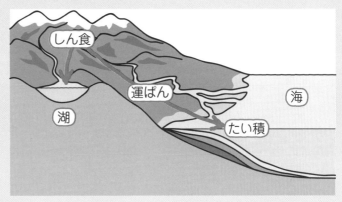

右のような装置をつくって，れき，砂，どろが混じったものを水の入った水そうに流しこんでみましょう。水の力でどのように地層がつくられるのか観察できます。

とい
スタンド
水そう
板

［1回流しこんだ後のようす］　［2回流しこんだ後のようす］

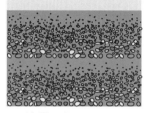

地層ではない　　　　　地層になっている

大きなつぶほど，下のほうに積もっているね。

　つぶは，その大きさによって水にしずむ速さが決まっています。そのため，同じ場所には同じ大きさのつぶばかり積もります。そのままでは地層といえませんね。でも，地震や火山活動で，とつぜん海の深さが変わったらどうでしょう。その日から**積もるつぶの大きさが変わって地層がつくられる**のです。

　たい積が続くと，下の層には上の層の重みがどんどんかかります。すると，重みを受け続けた下の層では，**長い年月の間につぶのすき間がつまって固まり，岩石ができます**。地層には，そのようにしてできた岩石の層もあります。

 ポイント **たい積したものが固まった岩石**

れき岩
（れきが固まったもの）

砂岩
（砂が固まったもの）

でい岩
（どろが固まったもの）

チェック 3　次の文中の（　　　　　）にあてはまる言葉を書きましょう。　　　　　　　　　　　　　　　　答えは別冊p.22へ

　丸みをおびたれきや砂がふくまれる地層は，（①　　　　　　　　　）のはたらきでできた。海や湖の底に（②　　　　　　　）したれき，砂，どろは，長い間重みがかかることで，それぞれ（③　　　　　　），（④　　　　　　　），（⑤　　　　　　　　）という岩石になる。

230

火山のはたらきによる地層のでき方

　地層は，火山のはたらきによってできることもあります。火山が**ふん火**すると，火口から**火山灰**などがふき出し，降り積もって層をつくるのです。ふん火がくり返されると，水のはたらきでできた地層のように，しまもようが見られることもあります。

ポイント 火山のはたらきによる地層のでき方

あたらしく積もる火山灰など

いままでに積もった地層

・**火口**からふき出した**火山灰**などが，地上に降り積もって地層になる。
・火山の周辺では，よう岩の層や火山灰とれきが混じった層などができることがある。
・火山灰は風にのって，広い地域に降り積もる。

つけたし

　大きなふん火では，火山灰は火口から何千kmも離れたところまで飛んでいくことがあります。
　火山のはたらきによってできた地層は，水のはたらきによるものに比べ，ごつごつと角ばったものでできています。ごつごつしたよう岩，ごつごつしたれき，そして砂の地層と似ているように見える火山灰も，けんび鏡で拡大すると，つぶが角ばっているのがわかります。

火山灰のつぶ

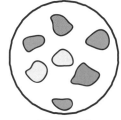

砂のつぶ

地層の見方はわかってきたかな？　君の住む土地がどのようにできたのか，地層が見えるところを探して観察してみよう！

チェック 4　次の問題に答えましょう。　　　　　　　　🐘答えは別冊p.22へ

（1）　火山灰でできた地層は，何のはたらきによってつくられましたか。

　　　　　　　　　　　　　　　　　　　　　　　　（　　　　　　　　　　　　）

（2）　（1）のはたらきでできた地層は，水のはたらきでできた地層に比べて，岩石などのつぶにどんな特ちょうがありますか。　　　　　　　　（　　　　　　　　　　　　）

3 土地の変化

授業動画は こちらから 153

　日本は，**火山活動**や**地しん**の多い国です。火山活動や地しんは，土地のようすを急激（きゅうげき）に変化させることがあります。

ポイント 火山活動や地しんによる土地の変化

火山活動による変化	地しんによる変化
・火口からふき出した**よう岩**や**火山灰**（かざんばい）が積もることで，土地の形が変わる。 ・ふん火によって，**新しい山や島ができる。**	・地面のずれ（**断層**（だんそう））ができる。 ・**土砂**（どしゃ）**くずれ**や**地割れ**（じわ）が発生する。

　火山活動や地しんは，時に大きな災害（さいがい）の原因となります。しかし，これは，地球の大きな動きの一部であり，完全に防ぐことはできません。火山活動や地しんの予知に関する研究や防災訓練（ぼうさい）など，**日ごろからの準備・対策**（たいさく）が重要となります。

火山活動は，災害だけでなく，美しい景観や温泉（おんせん）など，わたしたちにめぐみももたらしてくれているよ。

チェック 5　次の問題に答えましょう。　　　　　👉**答えは別冊p.23へ**

（1）　火山活動によって，火口からふき出す主なものは何ですか。2つ答えましょう。

（　　　　　・　　　　　）

（2）　地しんが起きたときにできる地面のずれを，何といいますか。

（　　　　　　）

31 の 力だめし

授業動画は
こちらから 154

➡ 答えは別冊p.23へ

1 次の図の岩石の名前を答えましょう。

① ② ③

丸みのある小石が
たくさん見られる。

つぶが細かくて見えない
さらさらした手ざわり。

ざらざらしたつぶが
見られる。

(　　　　　　　　　) (　　　　　　　　　) (　　　　　　　　　)

2 次の文章は, 水や火山のはたらきでできた地層（ち そう）の特ちょうについて説明しています。それぞれ水, 火山のどちらのはたらきでできた地層か答えましょう。

①ごつごつした石が集まってできている。 (　　　　　　　)
②どろでできた地層（ち そう）の中から, 貝がらが見つかった。 (　　　　　　　)
③丸みをもったれきでできている。 (　　　　　　　)
④火山灰（か ざんばい）でできている。 (　　　　　　　)

3 次の文章に当てはまる言葉を, 下の □ から選んで答えましょう。

(1) 日本は, (① 　　　　　　　　　) の多い国である。(①) がふん火すると, (② 　　　　　　) や (③ 　　　　　　　) が (④ 　　　　　　　) からふき出し, 周囲の土地の姿（すがた）を大きく変える。(③) は風に飛ばされ, 広い地域（いき）でふり積もる。(①) のふん火によって, 新しい (⑤ 　　　　　　) や (⑥ 　　　　　　) ができることもある。

(2) 日本はまた, (⑦ 　　　　　　　) の多い国でもある。大きな (⑦) が起こると, (⑧ 　　　　　　) や (⑨ 　　　　　　　) が発生する。(⑩ 　　　　　) という地面のずれもできる。

| 地しん | 火山灰 | 土砂くずれ | 島 | 火山 | 山 |
| よう岩 | 断層 | 地層 | 地割れ | 火口 | |

水よう液の性質 ［6年］

今日はこのリトマス紙で水よう液の性質を調べるぞ

ぼくたちフラスコーズがお手伝いするスコ

ゴクゴク ゴク ！

はじめ君！飲んじゃだめよ！

オレンジジュースなんてなんとか紙より飲んだほうが早いって！

次はさとう水

ぷはーー

あーそんなにたくさん

うううう

ううううう おなかがいたいよぉ

トイレ

ギュルルルル

飲みすぎだスコ
水よう液を見分けるのに飲んじゃだめスコー

このレッスンのはじめに♪

　食塩水，炭酸水，石灰水。さて，これらの水よう液を見分ける方法を知っていますか？ "なめればわかる"だなんて，ダメですよ！ これから勉強するある道具を使えば，とても簡単に見分けることができるんです。どのような道具を使うのか，見ていきましょう。

1 気体がとけている水よう液

授業動画はこちらから

気体がとけている水よう液の特ちょう

レッスン24（5年生）で，食塩やホウ酸がとけている水よう液について学びましたね。実は水よう液には，食塩やホウ酸のような固体ではなく，**気体**がとけているものもあるんです。

 ポイント 気体がとけているおもな水よう液とその特ちょう

	炭酸水	塩酸	アンモニア水
見た目	無色とうめい **あわが出ている**	無色とうめい	無色とうめい
におい	なし	**つんとしたにおい**	**つんとしたにおい**
水を蒸発させると	あとに何も残らない	あとに何も残らない	あとに何も残らない
説明	**二酸化炭素**がとけている。ソーダやラムネなど，飲み物としてよく目にする。	塩化水素がとけている。家庭用洗ざいによく使われている。	アンモニアがとけている。虫さされの薬に入っていることがある。

これらの水よう液は，身近なところにあるよ。探してみよう。

炭酸水など気体がとけている水よう液には，とけているものが気体にもどり，あわが出てくるものがあります。また，気体が水よう液から出てくるときに，においがするものもあります。

食塩水やホウ酸の水よう液とはちがって，気体がとけている水よう液を熱して水を蒸発させても，**あとに何も残りません。**

食塩水を蒸発させたもの
白いものが残る。

炭酸水を蒸発させたもの
何も残らない。

つけたし

気体がとけている水よう液をあたためたりふったりすると，あわが多くなったりにおいが強くなったりします。

気体がとけている水よう液には，固体がとけているものとはちがった特ちょうがあるんだね。

水よう液の性質 **235**

♣炭酸水のつくり方と性質

　炭酸水は，二酸化炭素がとけた水よう液です。水に二酸化炭素をとかすと炭酸水ができることを，実験で確かめてみましょう。

＜実験＞

①プラスチック容器（ペットボトル）を水で満たし，図のように容器の半分くらいまで二酸化炭素を入れる。

②ふたをしめて容器を水から出し，ふり混ぜる。

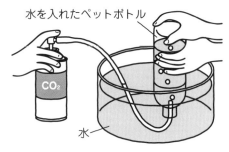

水を入れたペットボトル

水

＜結果＞

・②のあと，ペットボトルがへこんだ。
　＝ペットボトルの中の二酸化炭素が水にとけて，気体の量が減った。
・へこんだペットボトルの中の液を試験管にとってあたためると，あわがでてきた。
・この液に石灰水を入れて混ぜると，白くにごった。
　＝この液には，二酸化炭素がふくまれている。つまり，炭酸水である。

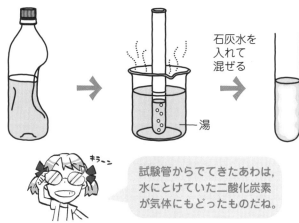

石灰水を入れて混ぜる

湯

試験管からでてきたあわは，水にとけていた二酸化炭素が気体にもどったものだね。

もっとくわしく 炭酸飲料も，味のついた水に二酸化炭素を混ぜ入れてつくられたものです。二酸化炭素がより多くとけるように水をよく冷やすなど，工夫がされています。

チェック1　次の問題に答えましょう。　　　　　　　　　　　🔖答えは別冊p.23へ
　（1）　炭酸水は，何がとけている水よう液ですか。　　　　　　（　　　　　　　　）
　（2）　熱して水を蒸発させるととけていたものが残るのは，固体がとけている水よう液と気体がとけている水よう液のどちらですか。　　　　　　（　　　　　　　　）

2 酸性，中性，アルカリ性

授業動画は
こちらから

酸性，中性，アルカリ性

水は，**ほとんど中性**の液体です。それが，とけるものの種類によって，**酸性**や**アルカリ性**になります。

酸性の水よう液には，その名のとおり，すっぱいものが多くあります。アルカリ性の水よう液は，ぬるぬるとした手ざわりのものが多いです。これは，さわった人の皮ふを少しとかすからです。

強い酸性やアルカリ性をもつ水よう液は，人体にとってとても危険だよ。理科室でも家庭でも，液をむやみに混ぜたり，なめたり，体につけないようにしよう。

水よう液は，どんなものでもかならず，酸性，中性，アルカリ性のどれかに区別することができます。

ポイント
酸性，中性，アルカリ性の主な水よう液

酸性	中性	アルカリ性
塩酸 炭酸水 レモンのしるす	水 食塩水 さとう水	水酸化ナトリウム水よう液 アンモニア水 石灰水

水酸化ナトリウム水よう液は，「水酸化ナトリウム」という固体がとけている水よう液だよ。石けんをつくるのによく利用されているよ。

チェック 2　次の問題に答えましょう。　　　　　🡒答えは別冊p.23へ

次の水よう液は酸性，中性，アルカリ性のどれですか。答えましょう。
① 石灰水　　　　　　　　　　　　　　　　（　　　　　　　　　）
② 塩酸　　　　　　　　　　　　　　　　　（　　　　　　　　　）
③ 炭酸水　　　　　　　　　　　　　　　　（　　　　　　　　　）
④ さとう水　　　　　　　　　　　　　　　（　　　　　　　　　）

♣リトマス紙の使い方

　ある水よう液が酸性，中性，アルカリ性のどの性質をもっているのかを調べるためにリトマス紙を使います。リトマス紙には，赤色と青色の二種類の紙があります。この二種類の紙に水よう液をつけると，その部分の色の変化によって，その水よう液の性質が一目でわかります。

[リトマス紙の使い方]

①手のよごれなどでリトマス紙が反応しないように，ピンセットなどを使ってケースから取り出す。

②ガラス棒を使って，調べたい水よう液を赤色と青色のリトマス紙につけ，変化を見る。

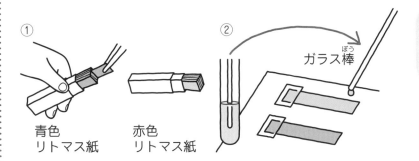

| | 青色リトマス紙 | 赤色リトマス紙 |

調べる水よう液の種類を変えるときは，かならずガラス棒を水で洗ってね。

ポイント 水よう液の性質とリトマス紙の変化

	酸性の水よう液	中性の水よう液	アルカリ性の水よう液
赤色のリトマス紙	色は変化しない	色は変化しない	**青色**に変化した
青色のリトマス紙	**赤色**に変化した	色は変化しない	色は変化しない

酸性の水よう液…**青色→赤色**に変化
中性の水よう液…どちらも変化なし
アルカリ性の水よう液…**赤色→青色**に変化

酸性による変化を，
お（青）かあ（赤）
さん（酸），と覚えよう！

　それぞれの水溶液の色の変化をすべて覚えるのは難しいですね。まずは，酸性の水よう液は青色のリトマス紙を赤色に変化させるということを覚えましょう。すると，アルカリ性の水よう液は赤色のリトマス紙を青色に変化させるので，酸性の逆だと覚えればよいのです。

チェック **3**　次の問題に答えましょう。　　　　　　　　　　**➡答えは別冊p.23へ**

(1)　青色のリトマス紙を赤色に変える水よう液の性質は何ですか。(　　　　　　　　　)
(2)　赤色のリトマス紙を青色に変える水よう液の性質は何ですか。(　　　　　　　　　)
(3)　赤色と青色どちらのリトマス紙も変化させない水よう液の性質は何ですか。
　　　　　　　　　　　　　　　　　　　　　　　　　　　(　　　　　　　　　　　)

3 水よう液と金属

授業動画は
こちらから

❀水よう液と金属

　洗ざいの注意書きをよく読むと，金属のものに使用してはいけないと書いてあることがあります。これは，酸性やアルカリ性の性質をもった水よう液が，金属をとかしてしまうことがあるためです。**中性の水よう液には，この性質はありません。**塩酸（酸性）と水酸化ナトリウム水よう液（アルカリ性）にアルミニウムや鉄を入れると，何が起こるのか見ていきましょう。

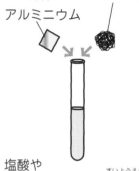

鉄（スチールウール）
アルミニウム

塩酸や
水酸化ナトリウム水溶液

<結果>

	アルミニウム	鉄
塩酸	あわを出してとけた	あわを出してはげしくとけた
水酸化ナトリウム水よう液	あわを出してとけた	とけない

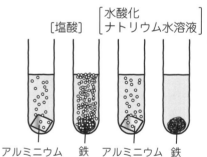

[塩酸]　[水酸化ナトリウム水溶液]

アルミニウム　鉄　アルミニウム　鉄

　塩酸や水酸化ナトリウム水よう液にアルミニウムを入れると，アルミニウムはあわを出してとけてしまいます。一方で，鉄は塩酸にしかとけませんでした。水よう液によって，とかすことのできる金属にちがいがあることがわかりました。

ポイント！ 水よう液に金属を入れる

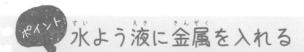

塩酸…アルミニウムや鉄をとかす。
水酸化ナトリウム水よう液…アルミニウムをとかす。

チェック 4　次の問題に答えましょう。　　　　　　　　　　　　　　⬇答えは別冊p.24へ

　次の金属は，塩酸と水酸化ナトリウム水よう液，どちらの水よう液にとけますか。とける水よう液をすべて書きましょう。

① アルミニウム　　　　　　　　　　　　　　（　　　　　　　　　　　　　）
② 鉄　　　　　　　　　　　　　　　　　　　（　　　　　　　　　　　　　）

🔩金属がとけたあとの水よう液

　塩酸にアルミニウムをとかしたあとの水よう液を熱すると，とけていたものが出てきます。これは，もとのアルミニウムと同じものでしょうか？

塩酸を熱しても何も出てこないはず。アルミニウムなんて，出てくるのかな？

<結果>

	アルミニウム	塩酸にアルミニウムをとかしたあとに出てきたもの
見た目のようす	銀色でつやがある	**白くてつやがない**
塩酸にとかす	あわを出してとける	**あわを出さずにとける**

　アルミニウムと，塩酸にアルミニウムをとかしたあとに出てきたものを比べると，見た目のようすや，塩酸にとかしたときのようすがまったくちがいます。アルミニウムの性質が変わり，別のものに変化したことがわかります。塩酸に鉄をとかしたものでも，水酸化ナトリウムにアルミニウムをとかしたものでも，同じことが起こります。酸性やアルカリ性の水よう液に金属をとかすと，とけた金属は別のものに変化するのです。

チェック 5　次の問題に答えましょう。　　　　　　　　　　　　　　⬇答えは別冊p.24へ

（1）アルミニウムと，アルミニウムを塩酸にとかしたあとで出てきたもののうち，白くてつやがないのはどちらですか。　　　　　　　　　　（　　　　　　　　　　　）

（2）アルミニウムと，アルミニウムを塩酸にとかしたあとで出てきたもののうち，塩酸にあわを出しながらとけるのはどちらですか。

　　　　　　　　　　　　　　　　　　　　　　　　　　　（　　　　　　　　　　　）

3-2 の力だめし

授業動画は
こちらから

答えは別冊p.24へ

1 次の文章に当てはまる言葉を書きましょう。

　　水よう液には, 固体がとけているものと（①　　　　　　　　　　　）がとけているものがある。炭酸水は,（②　　　　　　　　　　　）がとけている水よう液である。

　　水よう液は, 酸性, 中性, アルカリ性という3つの性質に分けることができ,（③　　　　　　　　　　　）という赤色と青色の紙を使って調べることができる。アルカリ性の水よう液は,（④　　　　　　　　　）色の（③）を（⑤　　　　　　　　　）色に変える性質がある。

2 次の水よう液を分類して, 下の表のふさわしい場所に記号で書きましょう。同じ場所に何個記号を書いても, 記号が入らない場所があってもかまいません。

（ア. 炭酸水　イ. 水酸化ナトリウム水よう液　ウ. さとう水　エ. 塩酸　オ. 食塩水　カ. アンモニア水）

	酸性	中性	アルカリ性
熱したあとに残るものがある	①	②	③
熱したあとに残るものがない	④	⑤	⑥

3 下の図の①〜③の試験管に入っている水よう液は, 食塩水, 塩酸, 水酸化ナトリウム水よう液のどれかです。中に入っているアルミニウムと鉄のようすを見て, それぞれどの水よう液なのか答えましょう。

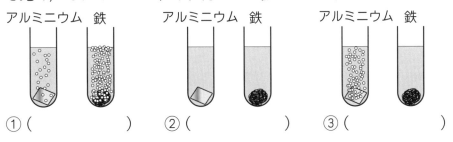

①（　　　　　　　　）　②（　　　　　　　　）　③（　　　　　　　　）

このレッスンのはじめに♪

　小学生がひとりで，何百キロもの岩を持ち上げる。そんな映画のようなことも，「てこのしくみ」さえ知っていれば実現できます。重いものを軽く，軽いものを重く変えてしまう，ふしぎな「てこ」の世界をしょうかいします。

1 てこのしくみ

授業動画は こちらから

てこのしくみ

右の図のように，長い棒をうまく使うと，小さ
な力で重いものを持ち上げることができます。

このしくみを**てこ**といいます。

 てこのつくり

一か所で支えられている棒を使って，ものを持ち上げたり動かしたりするし
くみを**てこ**という。

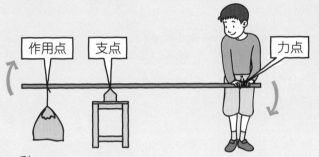

支点をしっかり固定
することが，てこを
使ってうまくものを
動かすコツだよ。

・**支 点**…棒を支えている点。

・**力 点**…力を加える点。

・**作用点**…動かしたいものに力がはたらく点。

てこにはかならず，**支点**，**力点**，**作用点**の３つの点があります。人間や機械
が力点で力を加えると，支点を中心に棒がかたむき，作用点にあるものが動い
たり持ち上がったりします。

チェック1 下の図のてこで，①～③の点は，支点，力点，作用点
のどれですか。

➡答えは別冊p.24へ

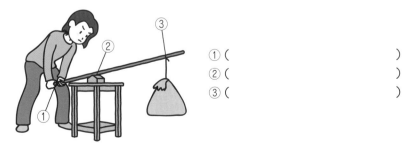

① （　　　　　　　　）
② （　　　　　　　　）
③ （　　　　　　　　）

🎯 てこのはたらき

てこでは，同じ重さのものを持ち上げるときでも，力点や作用点の位置によって，必要な力の大きさが変わります。重いものを小さな力で持ち上げるために，てこをどのように使えばいいのか見ていきましょう。

【力点の位置を変える】

支点から力点のきょりが短いとき　　　力点から支点のきょりが長いとき

力点から支点のきょりが長いほど，小さな力で持ち上げられる。

【作用点の位置を変える】

作用点から支点のきょりが長いとき　　　作用点から支点のきょりが短いとき

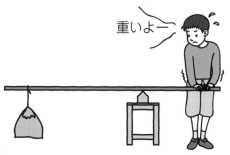 

作用点から支点のきょりが短いほど，小さな力で持ち上げられる。

 てこのはたらき

重いものを小さな力で持ち上げるためには，
力点から支点のきょりが長く，作用点から支点のきょりが短いとよい。

作用点から　　　力点から
支点のきょり　　支点のきょり
←短→←　　長　　→

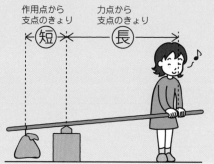

作用点，支点，
力点の位置関係
をよく見てね。

答えは別冊p.25へ

チェック 2 次の図の同じ重りのついたてこを，持ち上げる力が小さい順に並べかえて，番号で答えましょう。

( ) → ( ) → ( )

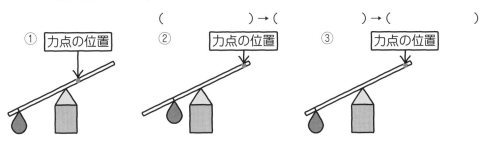

① 力点の位置　② 力点の位置　③ 力点の位置

---

2 てこの利用

授業動画はこちらから　

てこのしくみを利用したさまざまな道具は，支点，力点，作用点の位置によって，**3種類**に分けることができます。

ポイント いろいろなてこ

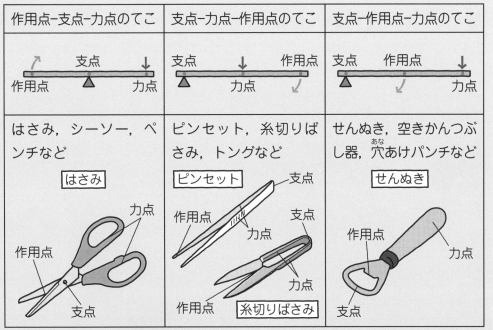

作用点–支点–力点のてこ	支点–力点–作用点のてこ	支点–作用点–力点のてこ
支点　力点 作用点　　　力点	支点　　　作用点 　　　力点	支点　作用点　　力点 　　　　　　力点
はさみ，シーソー，ペンチなど	ピンセット，糸切りばさみ，トングなど	せんぬき，空きかんつぶし器，穴あけパンチなど
はさみ 力点 作用点 支点	ピンセット 支点 作用点 力点 支点 力点 作用点　糸切りばさみ	せんぬき 作用点 力点 支点

支点，力点，作用点のうちどれがまん中に位置しているかで，見分けることができるね。

てこのしくみを利用した道具は，それぞれの使い道に合わせて，支点や力点，作用点の位置が決められています。これらの道具の中には，ピンセットのように，小さなものやせん細なものをあつかうため，**わざと力を小さくする**ようなものもあります。

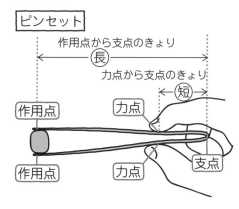

ピンセット

作用点から支点のきょり 〈長〉
力点から支点のきょり 〈短〉
作用点　力点　支点

答えは別冊p.25へ

チェック **3**　次の図の道具は，てこのしくみを利用しています。(1)〜(3)の示している場所が支点，力点，作用点のどれか，答えましょう。

(1) (　　　　　　)
(2) (　　　　　　)
(3) (　　　　　　)

(1)　(2)
はさみ

(3)
糸切りばさみ

3 てこのつり合い方のきまり

授業動画はこちらから　[165] [166]

[165]

●てこのつり合いとは

右の図のように，てこの力でものを持ち上げたとき，棒が左右どちらにもかたむかず水平になっている状態を，**つり合っている**といいます。

ポイント **てこのつり合い**

・**つり合っている**とは…棒がおもりの力でかたむかず，水平になっている状態。

人の力でおもりを
持ち上げる場合

おもりの力でおもりを
持ち上げる場合

棒が水平になっていれば，つり合っているといえるよ。

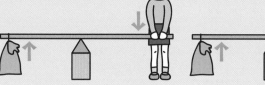

どちらのてこも，つり合っているといえる。

♣てこのつり合い方のきまり

　てこで，力点や作用点の位置を変えると，ものを持ち上げるのに必要な力の大きさも変わりました。てこがつり合うとき，力点や作用点の位置や重さにきまりがあるかどうか，**実験用てこ**を使って調べてみましょう。

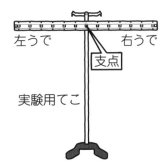

左うで　　　　右うで

支点

実験用てこ

実験用てこは，棒に目もりやおもりをつるすフックがついていて，てこのしくみについてかんたんに調べられるのよ。

♣てこのつり合いの実験

　実験用てこの左うでの，支点からきょり3の位置におもりを20gつるします。このとき，右うでのさまざまな位置におもりをつるし，どんなときにてこがつり合うのか確かめます。

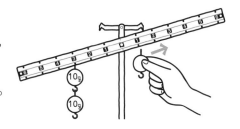

<結果>

　左うではすべて，きょり3，おもり20gであるとき，てこがつり合うときの右うでのおもりのつるし方は，次の4通りであることがわかりました。

右うでのパターン	きょり1　おもり60g	きょり2　おもり30g	きょり3　おもり20g	きょり6　おもり10g

　右うでの，支点からおもりのきょりと重さを見てください。例えば，きょり1，おもり60gのとき，きょりと重さをかけると60になります。このように，**おもりがどの位置にあっても，そのきょりと重さをかけた値は60**になりますね。また，左うでのおもりでも，きょりと重さをかけるとやはり60です。

　てこがつり合うのは，支点からおもりまでのきょりと，おもりの重さをかけた値が，左右で同じときなのです。

支点からのきょりが長くなるほど，おもりは軽くなっていくんだね。

てこのつり合い方のきまり

つり合っているてこでは，次の式がなりたつ。

作用点にかかっている重さ	×	支点から作用点までのきょり	=	力点にかかっている重さ	×	支点から力点までのきょり

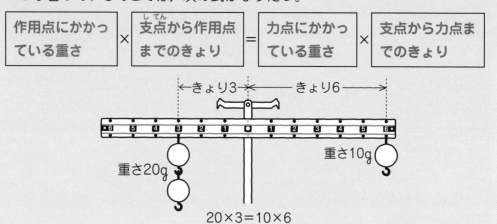

$$20×3＝10×6$$

　このきまりがわかっていれば，つり合っているてこの，おもりの重さや支点までのきょりを計算で求めることができます（ただし，棒がとても軽いとします）。

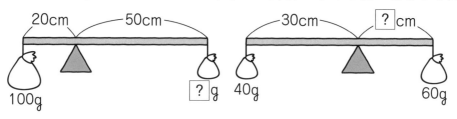

$$100 × 20＝\boxed{?} × 50$$
$$2000＝\boxed{?} × 50$$
$$\boxed{?}は40\,g$$

$$40 × 30＝60 × \boxed{?}$$
$$1200＝60 × \boxed{?}$$
$$\boxed{?}は20\,cm$$

つけたし　つり合っているてこでは，支点から作用点や力点までのきょりが等しいとき，そこにかかっている重さも同じです。上皿天びんは，このことを利用してものの重さをはかっています。

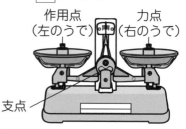

作用点（左のうで）　力点（右のうで）

支点

チェック 4　次の図のてこは，つり合っています。□にあてはまる数を，求めましょう（ただし，棒がとても軽いとします）。　　**答えは別冊p.25へ**

(1)　　　　　　　　　　　(2)

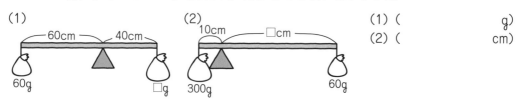

(1) (　　　　　　g)
(2) (　　　　　　cm)

レッ3 の 力だめし

授業動画は
こちらから

答えは別冊p.25へ

1 次の文章に当てはまる言葉を書きましょう。

棒などを使って，小さな力で重いものを持ち上げたり動かしたりするしくみ
を (① ＿＿＿＿＿＿＿＿＿) といいます。(①) の，棒を支えている点を
(② ＿＿＿＿＿＿＿＿＿)，人の手などが力を加える点を (③ ＿＿＿＿＿＿＿)，
動かしたいものに力が伝わる点を (④ ＿＿＿＿＿＿＿) といいます。
(①) は，(②)・(③)(④) の位置によって，(⑤ ＿＿＿＿＿＿＿) 種類にわ
けることができます。

2 次の道具を，より小さい力で使うためには，アとイのどちらを持てばよい
ですか。それぞれ答えましょう。

(1)

ペンチ

(＿＿＿＿＿＿)

(2)

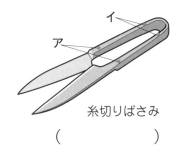

糸切りばさみ

(＿＿＿＿＿＿)

3 次のうち，つり合っているてこはどれですか。すべて選んで，番号で答え
ましょう。おもりは1つ10 g とします。

①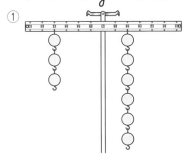

②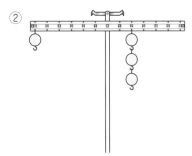

③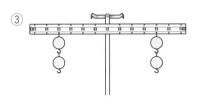

④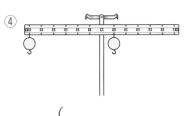

(＿＿＿＿＿＿＿＿＿)

レッスン 34 電気のつくり方と利用

[6年]

このレッスンのはじめに♪

電球，ラジオ，アイロン。電気を使う道具には，さまざまな種類がありますね。レッスン34では，電気にどんな利用のし方があるのか学びます。いよいよこの本最後のレッスン。ラストスパート，がんばりましょう！

1 電気をつくる・ためる

授業動画は
こちらから 168 169

◆電気をつくる

わたしたちがいつも使っている電気は，おもに発電所でつくり出されていますね。わたしたちも**手回し発電機**を使うと，電気をつくることができます。

手回し発電機の使い方

手回し発電機…**ハンドルを手で回す**ことで，電気をつくり，豆電球や電子オルゴールなどにつないで**電流を流すことができる**道具。

使い方

①手回し発電機の，＋極側の線に使いたいものの＋極，－極側の線に－極をそれぞれつなぐ。

②ハンドルを**ゆっくり一つの向き**に回して，電気をつくる。

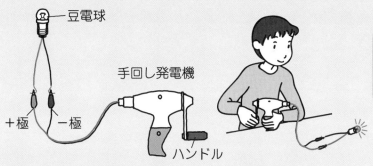

豆電球
手回し発電機
＋極　　－極
ハンドル

速く回すと，発電機やつないだものがこわれることがあるよ。回す向きは変えずにやってみてね。

注意 手回し発電機のハンドルは，速く回しすぎないこと。また，回す向きをひとつに決めること。

もっとくわしく

手回し発電機の中にはモーターが入っていて，それを回すことで電気がつくられます。同じしくみのものに，自転車のライトや手回し発電機がついた災害時用ラジオなどがあります。また，水力，火力，風力などの発電も，いろいろな力でモーターを回すことで電気をつくり出しています。

自転車のライト
（ペダルをこいでモーターを回す）

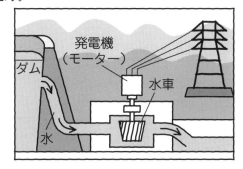

発電機
（モーター）
ダム
水車
水
水力発電
（水のいきおいでモーターを回す）

電気をためる

　実験用の手回し発電機では，ハンドルを回している間しか電気を使うことができません。しかし，**コンデンサー**という道具に発電機でつくった電気をためれば，あとでその電気を取り出すことができます。

ポイント　コンデンサーのしくみと使い方

**コンデンサー…発電機などにつなぐことで，電気をためることが
　　　　　　　できる道具。**

使い方

①手回し発電機にコンデンサーをつなぎ，ハンドルを回して電気をためる。

②コンデンサーを発電機からはずし，電気を流したいものにつなぎかえる。

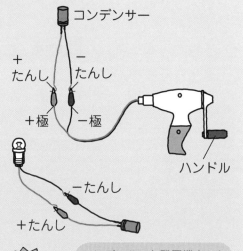

注意　①も②も，＋極と＋たんし，－極と－たんしをつなぐこと。
手回し発電機のハンドルは，ゆっくり回すこと。
また，電気をため終わったら，コンデンサーのたんしを発電機からすぐにはずすこと。

コンデンサーと発電機をつないだままにすると，せっかくためた電気が，コンデンサーからにげてしまうよ！

　災害時用ラジオなどの機器の中には，コンデンサーが入っています。そのため，つねに発電をし続けなくても，ためた電気で機器を使うことができるのです。

コンデンサー
中に入っているよ！

チェック 1　次の問題に答えましょう。　　　　　　　答えは別冊p.26へ

（1）手回し発電機と電気を流したいものをつなぐとき，手回し発電機の＋極の線には電気を流したいものの何極をつなげばいいですか。　　　　　　　　（　　　　　　　）

（2）コンデンサーとは，どんな特ちょうをもった道具ですか。
　　　　　　　　　　　　　　　　　（　　　　　　　　　　　　　　　　　）

♣️豆電球と発光ダイオードのちがい

豆電球と発光ダイオードは，どちらも電流が流れると明かりがつく道具ですが，手回し発電機やコンデンサーにつなげたときのようすを比べると，ちがいがあることがわかります。どのようにちがうのか，見ていきましょう。

豆電球　　　　発光ダイオード

＜実験＞

①手回し発電機につないで，ようすを比べる。

②同じくらいの量の電気をためたコンデンサーにつないで，明かりのついている時間を比べる。

1秒に2回の速さで，20回まわす。

コンデンサーに電気をためるとき，ハンドルを回すスピードと回数を決めて，同じくらいの量の電気がたまるようにしよう。

＜結果＞

	豆電球	発光ダイオード
手回し発電機につないだとき	ハンドルは**重い手ごたえ**	ハンドルは**軽い手ごたえ**
コンデンサーにつないだとき	**明かりがつく時間が短い**	**明かりがつく時間が長い**

 豆電球と発光ダイオードのちがい

豆電球と発光ダイオードを比べると，**発光ダイオードのほうが，使う電気の量が少ない。**

豆電球と発光ダイオードを比べると，手回し発電機で明かりをつけるときのハンドルの手ごたえや，同じくらいの電気の量で明かりのつく時間がちがいます。これは，豆電球と発光ダイオードで使う電気の量がちがうことを意味しています。**発光ダイオードは，電球に比べて使う電気の量がとても少ないため，明かりが長持ちする**ことが特ちょうです。

答えは別冊p.26へ

チェック **2** 豆電球と発光ダイオードについて，次の問題に答えましょう。

(1) 手回し発電機につないだとき，手ごたえが重いのはどちらですか。

( )

(2) 同じ量の電気をためたコンデンサーにつないだとき，明かりがつく時間が長いのはどちらですか。

( )

2 光電池のはたらき

授業動画は
こちらから

光電池のはたらき

かん電池は長く使うと使えなくなります。しかし，最近は，光を当てるといつでも電気をつくれる**光電池**（太陽電池）が広く使われるようになってきました。

 光電池の電流の流れを調べる実験

光電池に光を当てると，電流が流れてモーターが回ります。光が強いときのほうが弱いときよりも大きな電流が流れます。

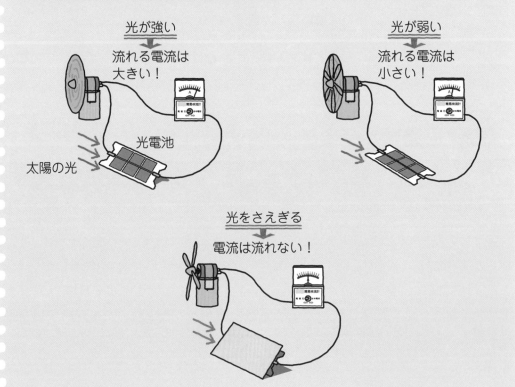

光が強い
↓
流れる電流は
大きい！

光電池

太陽の光

光が弱い
↓
流れる電流は
小さい！

光をさえぎる
↓
電流は流れない！

光が当たる角度によっても，電流の大きさが変わります。光電池に垂直に光が当たると，大きい電流が流れます。同じ強さの光でも，ななめから光を当てると，電流は小さくなります。

もっとくわしく

光電池にもかん電池と同じように＋極と－極があり，電流は＋極から－極に流れます。モーターを反対に回すには，光電池の＋極と－極を反対にします。

光電池は，かん電池のように取りかえる必要がなく，光が当たれば電気をつくれるよ。限りある地球の資源を大切にするために，光電池はいろんな場所で使われているんだね。

チェック3　光電池を使ったおもちゃの車（ソーラーカー）を作って走らせました。次の問題に答えましょう。　　🔖答えは別冊p.26へ

（1）　日かげに入るとソーラーカーはどうなりますか。　（　　　　　　　　　　　）

（2）　（1）のようになるのは，どうしてですか。　（　　　　　　　　　　　）

---

3 電気の利用

授業動画はこちらから

　電気は光や熱など，さまざまなものに変わる性質があります。電気の移り変わりとその利用について，まとめていきましょう。

ポイント　電気の利用

　電気は，光，音，熱，運動などに変えて，利用できる。

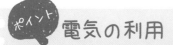

電気→光	電気→音
かいちゅう電灯　電気スタンド	エレキギター　ラジオ
電気→熱	電気→運動
アイロン　電気ストーブ	ラジコンカー　せん風機

電化製品の中には，電気を同時にさまざまなものに変えて使うものもあります。例えば，けいたい電話は，光と音，しん動を同時に出して着信を知らせますね。ドライヤーは，熱といっしょにモーターで風を出しています。身のまわりにある製品が，電気をどのような形で利用しているのか，考えてみましょう。

電気を一度にいろいろなものに変えると，電気をたくさん使うよ。けいたい電話の電池を長持ちさせるには，音を消したり，画面を暗くしたりするといいね。

つけたし プログラミング

電気を利用した道具の多くは，コンピュータを使って制ぎょ（コントロール）することで，電気を効率よく利用しています。コンピュータを動かすには，目的に合わせた指示をすることが必要です。この指示を書いたものを，**プログラム**といいます。また，このプログラムをつくることを，**プログラミング**といいます。プログラミングをするには，まず，コンピュータにどんな動きをさせたいのかを決めて，そのように動かすための手順を考えます。

人がそばを通るときだけ点灯する照明

・人がどのくらいのきょりに近づくとセンサーが感知して点灯するか。
・どのくらいの時間，点灯するか。
・…などをプログラミング。

チェック4 次の道具は，電気を何に変えて利用していますか。光，音，熱，運動，の中から選んで答えましょう。 　　**答えは別冊p.26へ**

① アイロン　　　　　　② ラジオ　　　　　　③ せん風機
（　　　　　　　）（　　　　　　　　　　）（　　　　　　　　　　　）

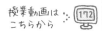

レッスン34 の力だめし

172

答えは別冊p.26へ

1 次の図の道具について，名前を答えましょう。また，正しい説明を下の □□□ から選び，記号で答えましょう。

①

名前（　　　　　）
説明（　　　　　）

②

名前（　　　　　）
説明（　　　　　）

| ア．ハンドルを回すと，電気をつくることができる。 |
| イ．電流を流すと，熱が発生する金属線。 |
| ウ．電流を流すと，電気をためることができる。 |

2 次の文章で正しいものに○，まちがっているものに×をつけましょう。

(1) 豆電球と発光ダイオードでは，発光ダイオードのほうが一度に使う電気の量が多い。　　　　　　（　　　　　　）

(2) コンデンサーに電気をためるときは，手回し発電機のハンドルをできるだけすばやく回す。　　　　　　（　　　　　　）

3 次の電化製品は，電気をおもに何に変えて利用していますか。考えて答えましょう。

(1)

（　　　　　　）

(2)

（　　　　　　）

(3)

（　　　　　　）

4 光電池について，次の図を見て，下の問題に答えましょう。

(1) ⑦～⑨のモーターで，一番速く回るのはどれですか。　（　　　　　　）

(2) 光電池に当たる光が強いと電流はどうなりますか。あてはまるものに○をつけましょう。　　　（小さくなる　　変わらない　　大きくなる）

Epilogue

[エピローグ]

理科の特訓を
がんばったケロ

大変だったけど
なんとかがんばったよ

そんなに
大変そうに
見えないけど

そして…

見てよ！
理科のテストで満点がとれたよ!!!

すごーい！ あのはじめ君が
わたしより理科ができるなんて

ショック！

すごいケロー!!

さすがだぜはじめー
男だぜー！

はじめ君と勉強するのは
すっごく楽しかったわ

え！

くやしー
はじめ君は今日から
ミスターサイエンス……
あれ？ どうしたの

しゅん……

もう，りかっぱたちとは
勉強できないんだ

ぐすん

はじめ君これを持つケロ！

うわっおもい!!

ズシ…

なぁにこの箱？

引っこし用の
ダンボールケロ！

引っこし!!？
どっかに行っちゃうの？

あれ？ りかっぱ
はじめ君とまりちゃんに
言ってないの？

すっかり
言い忘れてた
ケロー

わたしたち，中学校の
理科室に引っこすのよ

ええ！ 中学校にも
理科があるの？

中学校の理科では化学記号とかいろんなことを勉強するケロ
はじめ君のことが心配だから中学校に引っこすことにしたケロ

もっといろんなことを勉強するのよね
ミスサイエンスのウデが鳴るわ

また理科があるなんて聞いてないよー！

まだまだ理科の勉強は始まったばっかりケロ
オイラたちがついているケロー！

さくいん

イラスト：安斉俊

デザイン：山本光徳

データ作成：株式会社四国写研

図版作成：有限会社熊アート

動画授業：栗原慎（市進学院）

動画編集：ジャパンライム株式会社

ＤＶＤプレス：東京電化株式会社

製作
やさしくまるごと小学シリーズ製作委員会
（宮﨑 純，細川順子，小椋恵梨，難波大樹，
延谷朋実，髙橋龍之助，石本智子）

編集協力
佐藤玲子
髙橋純子
チーム　ルービック
株式会社シナップス
須郷和恵

やさしくまるごと
小学理科 改訂版

別冊

← 軽くのりづけされていますので，ゆっくりと取りはずしてお使いください。

Gakken

レッスン1 植物の育ち方

チェック 1
(1) 太陽　(2) 見つけた場所

解説
(1) 虫めがねで太陽を見ると，太陽の光が集まって目に当たります。目が見えなくなったりして危険(きけん)なので，絶対(ぜったい)にしてはいけません。

チェック 2
子葉

解説
種をまいたあと，子葉(しよう)という葉が出ます。子葉の数は最初に出た数より増(ふ)えることはありません。

チェック 3
(1) 実
(2) 種

ポイント (2) 植物の種には，いろいろな大きさ，色や形があります。アサガオの種は，黒っぽくて三角のような形をし，ヒマワリの種は，白と黒のしまもようで1cmぐらいの細長い形をしています。

レッスン1 の力だめし

1 (1) 耕(たがや)す　(2) 肥料(ひりょう)，土
(3) 指，種，水

2 (1) 子葉(しよう)　(2) 葉

解説
(1) 種から芽が出ると，はじめに子葉が出ます。

3 ア根　イくき　ウ葉

解説
葉はくきについていて，根は土の中にあります。

4 種，花，実(種)

レッスン2 自然の観察と生き物

チェック 1
(1) キャベツの畑
(2) キャベツの葉を食べるため。

解説
モンシロチョウのよう虫はキャベツの葉を食べ，成虫になると花のみつをすいます。

チェック 2
不完全変態(へんたい)

ポイント トンボの他に，バッタやカマキリ，セミなどのこん虫もさなぎにならずに，よう虫から皮をぬいで成虫になっていきます。

チェック 3
(1) 頭・むね・はら
(2) 食べものをさがしたり，危険(きけん)を感じとる。

（1）成虫の体が，頭・むね・はらに分かれていないものは，こん虫ではありません。また，あしは，むねに6本ついています。

レッスン2 の力だめし

1 ア花のみつ　イキャベツの葉　ウ草の葉　エ植物のしる

2 （1）よう虫，さなぎ
（2）完全変態

ポイント モンシロチョウの他に，カブトムシやアリ，ガなどのこん虫もよう虫からさなぎになって成虫になります。

3 （1）ウ　（2）イ　（3）エ　（4）ア

4 カマキリ・バッタ

解説
スズメは鳥の仲間です。ミミズはこん虫のように思われますが，体が頭・むね・はらの3つの部分に分かれておらず，あしも6本ないのでこん虫の仲間ではありません。

レッスン3 風とゴムの力，音のふしぎ

チェック 1
（1）風力発電　（2）③

ポイント 日本の発電には風力発電の他に，火力，水力，原子力，地熱，太陽光発電などがあります。

解説
（2）風を受ける部分を「ほ」とよび，大きく，風がよく当たるほど速く遠くまで進みます。

チェック 2
しん動を，やわらげる

解説
ゴムが道路のでこぼこに合わせて形を変え，しん動をやわらげます。

チェック 3
（1）ふるえる　（2）大きい
（3）聞こえなくなる

解説
（2）わゴムを強くはじくと，ふるえ方が大きくなるため，音は大きくなります。

レッスン3 の力だめし

1 （1）力　（2）強い，遠く
（3）元にもどろうとする
（4）長く，多く，多く

2 （1）×　（2）○

解説
（1）同じ強さの風でも，近くから当てると遠くから当てるより風車のはねはより速く回ります。

3 （ア）　（イ）　（ウ）　動かない　短い距離　長い距離
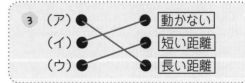

解説

ゴムを長くのばすほど，車はより遠くまで進みます。

> **4** Aさん

解説

指でふるえをおさえると，音は聞こえなくなります。

 レッスン**4** 太陽の光とかげ

チェック 1
> (1) 太陽の光がさえぎられているから
> (2) 太陽が動いているから

解説

(1) 雲が太陽の光をさえぎるので，地面にかげができません。

チェック 2
> (1) 午後1時　(2) 上

解説

(1) 日なたの地面は，時間がたつほど太陽の光であたためられているからです。

> **ポイント** 目もりを読むときは，目もりに合わせて真横から読むようにします。

レッスン**4** の力だめし

> **1** (1) さえぎられた
> (2) 同じ，反対側（がわ）　(3) 時間
> (4) 東，南，西

解説

(4) かげは太陽と反対側にできるので，西から北を通って，東に動いていきます。

> **2** (1) 方位じしん，方位（東西南北）
> (2) 北

> **ポイント** 北を向いたとき，反対側が南，右側が東，左側が西になるので方位がわかります。

> **3** (1) 明るい　(2) あたたかい
> (3) 暗い　(4) しめっている

> **4** (1) 27℃　(2) 28℃

解説

(1) 液（えき）の先が目もりの線と線の間にある時は，近いほうの目もりを読みます。

レッスン**5** 光のはたらき

チェック 1
> (1) 反射（はんしゃ）
> (2) まっすぐ進む
> (3) かげ絵

> **ポイント** (1) 光は鏡だけでなく，水面や雪の上でも反射（はんしゃ）します。

チェック 2
> 低い（エ→イ→ア→ウ）高い

解説
白い紙は光をはね返すので，同じ日なたに置いていても，何もしていないペットボトルに比べ，水があたたまりにくくなります。

レッスン5 の力だめし

1　(1) 光，まっすぐ　(2) 光
(3) 明るく・あたたかく
(4) 遠ざける（はなす）

解説
光は重ねれば重ねるほど，当たったところが明るくあたたかくなります。

2　(1) イ　(2) 3枚　(3) イ

解説
(2) ア，エの部分は1枚，ウの部分は2枚の鏡がはね返した光が当たっています。

3　(1) ア
(2) 黒いペットボトルは光をすいとりやすいから。

解説
(2) 黒い色は太陽の光をより吸収しやすいからです。

4　(1) ウ　(2) けむりが出て，こげる。

解説
(2) 虫めがねで光を集めると，紙を燃やすほど熱くなります。

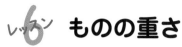

レッスン6　ものの重さ

チェック 1
(1) 数字　(2) (ア)○　(イ)×　(ウ)×

解説
(2) はかるものは静かに置き，目もりは真正面から読みます。

チェック 2
(1) てんびん　(2) (ア)×　(イ)○

解説
(1) てんびんにのせたものの重さがちがうとき，重いほうが下がってななめにかたむきます。

レッスン6 の力だめし

1　(1) 比べる　(2) 同じ
(3) グラム　(4) 変わらない（同じ）

ポイント (3) 重さの単位には，g（グラム）より軽いmg（ミリグラム），gより重いkg（キログラム），kgより重いt（トン）があります。

2　×　○　×

解説
形を変えても，重さは変わりません。

3　(1) ○　(2) ×　(3) ○

解説
(2) てんびんは2つのものの重さを比べることはできますが，数字で重さを知ることはできません。

> **4** (2)

レッスン7 あかりをつけよう

チェック 1
(1) ＋極と−極（順番が逆でもよい）
(2) 導線

解説
導線を通って電気が流れ，豆電球にあかりがつきます。

チェック 2
(1) フィラメント
(2) 電気を通す性質

解説
フィラメントが切れていたりすると電気が流れないので，あかりがつきません。使う前に確にんしましょう。

レッスン7 の力だめし

> **1** (1) ＋極，電気
> (2) 回路　(3) 同じ　(4) 金属
> (5) 通しません

解説
(1) 輪（回路）になっているはずなのにあかりがつかないときには，どこかで輪（回路）がとぎれていないか確にんしましょう。

> **2** ア×　イ○　ウ×

解説
アは，1本の導線は鉄（金属）につながっていますが，もう1本の導線は木につながっているため電気が流れないので，あかりをつけることができません。
ウは，同じ極（＋極）どうしに導線をつなげているため電気が流れないので，あかりをつけることはできません。

> **3** (1) ○　(2) ×　(3) ×　(4) ×
> (5) ○　(6) ×　(7) ○

解説
(1)，(5)，(7) はそれぞれ，鉄，銅，アルミニウムという金属でできています。

レッスン8 じしゃくのふしぎ

チェック 1
(1) 鉄
(2) しりぞけ合う（はなれる）

解説
(1) 金属の仲間である銅やアルミニウムは電気は通しますが，じしゃくには引きつけられません。

チェック 2
S極

解説
N極が北をさすということは，地球の北の方はN極と引き合うS極になります。南の方は反対に，S極と引き合うN極になっています。

レッスン8 の力だめし

> 1 (1) 鉄
> (2) 引きつけられません
> (3) 強く，
> N，S（順番が逆でもよい）

解説

(1) じしゃくが鉄を引きつける力は，じしゃくと鉄の間にじしゃくにつかないものがあってもはたらきます。しかし，じしゃくがはなれすぎているとその力ははたらきにくくなります。

> 2 (1) → ←　(2) ← →　(3) ← →
> (4) → ←

解説

同じ極どうしはしりぞけ合い，ちがう極どうしは引き合います。

> 3 (1) ×　(2) ×

> 4 (1) ついたまま落ちない
> (2) ①S極　②N極

解説

(1) じしゃくについた鉄はじしゃくと同じ性質をもちます。
(2) ①はN極についているので，S極になります。

> チェック 1
> (1) 日光
> (2) 太陽を見ること

解説

温度計や虫めがねは，観察に欠かせない道具です。使い方や気をつけることをしっかり覚えましょう。

> チェック 2
> (1) あし（後ろあしと前あし）
> (2) くき（つる），葉

> チェック 3
> (1) 鳴き声
> (2) ひな，群れ

解説

すずしくなると，コオロギやスズムシの鳴く声が聞こえてきます。

> チェック 4
> (1) 南の国
> (2) 卵，卵のう

解説

すずしくなると，食べ物になるこん虫などが少なくなるので，ツバメは南の国へわたっていきます。

レッスン9 の力だめし

1 △, ○, ○, △

2 気温・観察した日

解説

1年間の観察カードを順（じゅん）に並（なら）べると，気温の変化と植物や動物の活動の変化が，どのように関係するのかがわかります。

3 (1) 巣（す）　(2) だっ皮（び）
(3) 幼虫（ようちゅう），土の中
(4) 葉，芽　(5) 種，根（くき・葉）

4 どこで…土の中で
どのように…じっとしている（冬眠（とうみん）している）

レッスン10 天気と気温の変化

チェック 1
(1) 気温
(2) 百葉箱（ひゃくようばこ）

チェック 2
(1) 同じにする
(2) 大きい
(3) 雲

解説

くもりや雨の日は日光が地面にあまりあたらないので，気温も上がりません。だから，くもりや雨の日は，1日の気温の変化が小さいのです。

チェック 3
地面，空気，日の出

レッスン10 の力だめし

1 (1) 気温
(2) ⑦

2 (1) 午後2時
(2) ⑦
(3) ⑦
(4) 雲によって日光がさえぎられるから。

解説

1日の気温は日中は高く，朝や夜に低いことが多いです。晴れの日の気温は，日の出ごろ最低となり，午後2時ごろ最高となることが多く，グラフに表すと山の形になります。

レッスン11 かん電池のはたらき

チェック 1
(1) 回路
(2) 電流

チェック 2
(1) 直列つなぎ・へい列つなぎ
(2) 直列つなぎ

チェック 3

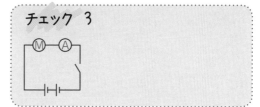

解説

Mはモーター（MOTOR）の頭文字のMで，Aは電流の大きさを表す単位アンペア（AMPERE）の頭文字のAです。

チェック 4
(1) 反対（逆）になる。
(2) 速くなる。

11 の力だめし

1 (1) ⑦　(2) 反対（逆）になる。
(3) 変わらない。

解説

直列つなぎは電気の通り道がひとつしかないので，かん電池を1個はずすと電流の流れは止まってしまいます。へい列つなぎは電気の通り道が電池の数だけできます。だから，かん電池を1個はずしても電流の流れは止まりません。

2 (1) モーター　(2) 豆電球
(3) かん電池　(4) スイッチ

3 (1) 直列つなぎ　(2) へい列つなぎ

4 (1) ⑦　(2) ⑦

解説

(1) 検流計は回路のとちゅうにつなげます。⑦のように，検流計だけをかん電池につなぐと，検流計がこわれることがあります。
(2) 電流の流れが大きいほうが，針は大きくふれます。

レッスン 12 とじこめた空気と水

チェック 1
小さく，大きく（強く）

解説

空気をとじこめた注射器のピストンを指で強くおしたり，おす力をゆるめたりすると，手ごたえのちがいがわかります。

チェック 2
おし縮め，体積

解説

例えば，ボールが地面にぶつかったとき，中の空気の体積は小さくなります。空気がもとにもどろうとする性質があるので，ボールは地面からはね上がります。

チェック 3
空気，力，変わらない

レッスン12 の力だめし

1 (1) ウ
(2) 小さくなる。
(3) おす前の位置にもどる。

2 (1) ア
(2) 変わらない。

ポイント 空気はおし縮（ちぢ）められるが，水はおし縮められない。

3 (1) イ
(2) 小さい
(3) イ
(4) 人や窓（まど）ガラス

4 ア

解説
うき輪はとじこめた空気を利用したものです。とうふのパックはとじこめた水を利用しています。保冷ざいはこおらせると固まる液（えき）ざいを利用したものです。

レッスン13 星と月

チェック 1
デネブ，わし座，夏の大三角，100

解説
冬に見える星も，明るさや色にちがいがあり，時刻（じこく）とともに動いていきます。

ポイント 星や星座は時刻（じこく）とともに見える位置が変わるが，並（なら）び方は変わらない。

チェック 2
太陽，東，西，同じ

解説
月の表面にはもようが見られます。その形がウサギに見えることから，月にウサギがいるといわれていました。

チェック 3
(1) 半月　(2) 満月

解説
毎日同じ時刻（じこく）に月を観察すると，月の見える位置と月の形が毎日少しずつ変わっていくことがわかります。

ポイント 月はどの形でも，時刻（じこく）とともに東の空から南の空を通って，西の空へと動く。

レッスン13 の力だめし

1 (1) 夏の大三角
(2) 東
(3) 明るさ

解説
星には自分で光っている「こう星」と，こう星のまわりを回っている「わく星」（地球や火星など），そのわく星のまわりを回っている「衛星（えいせい）（月など）」があります。わく星と衛星は，こう星の光をはね返して光っています。

② ⑦

③ 白っぽい色

④ （1）同じ場所
（2）方位磁針
（3）こぶし
（4）変わります
（5）変わります
（6）東・南・西

レッスン14 わたしたちの体のつくりと運動

チェック 1
支え，動かし（順番が逆でもよい），
関節

解説
さわってみると，骨はかたく，筋肉はやわ
らかいですが，力を入れると筋肉がかたく
なることがわかります。

チェック 2
縮んだり，ゆるんだり（順番が逆でも
よい），骨

解説
ひざやひじは，反対側には曲がりません。

チェック 3
関節，動かし，しくみ

レッスン14のカだめし

① （1）イとウ
（2）アとエ

解説
心臓は筋肉でできています。規則正しく縮
んだりゆるんだりして，心臓を動かしてい
ます。

② （1）あります
（2）イ

解説
骨には，体を支えたり内臓を守ったりする
だけでなく，血をつくったりカルシウムな
どをたくわえたりするはたらきもあります。

③ 体を動かす・体の内側を守る・体
を支える

解説
タコやクラゲ・カタツムリには，骨があり
ません。カエルやトカゲ，魚の仲間には，
骨があります。

④ （1）骨
（2）筋肉
（3）関節

解説
神経は，体全体のはたらきをコントロール
します。なん骨は関節のはたらきを助けま
す。

レッスン15 ものの温度と体積・あたたまり方

チェック 1
ふくらみ，体積

解説
せっけん水のまくがふくらむだけでなく，あたためた容器のせんが飛んだり，風船がふくらんだりするので，空気の体積が増えることがわかります。

チェック 2
下がり，体積

チェック 3
大きく，体積

解説
金属をあたためるときは，ガスコンロのほかに，ガスバーナーやアルコールランプを使っても実験できます。

チェック 4
伝わり，伝導

レッスン15の力だめし

1 (1) イ
(2) 水
(3) ③

解説
空気の体積の変化を調べるときは，ガラス管の中にゼリーをつめます。ゼリーの位置の動きによって，体積の変化がわかります。

ポイント 水・空気・金属はあたためると体積が増え，冷やすと減る。

解説
葉の動きから，熱せられた水の動きが目に見えてわかります。
熱したものや器具は，冷めてからさわりましょう。

レッスン16 水の変化

チェック 1
水蒸気，100，見えません

解説
水がふっとうしているときに出る湯気は，とても熱いので，気をつけましょう。
ふっとうさせるときに，急にわき立つのをふせぐため，ふっとう石を入れておきます。

チェック 2
0，下がります（低くなります），増えます（大きくなります）

解説
水は温度によって，氷（固体）・水（液体）・水蒸気（気体）と姿を変えます。

ポイント 水は0℃でこおり，100℃でふっとうする。水を冷やして温度をはかるときは，温度計が試験管の底につかないようにする。

チェック 3

(1) 低い

(2) 早い

チェック 4

日なた，蒸発(じょうはつ)，空気中

チェック 5

(ア)

解説

（イ）は空気中の水蒸気(すいじょうき)が，冷たい窓(まど)ガラスに冷(ひ)やされて水になってついたものです。

16 の力だめし

1 (1) 水蒸気(すいじょうき)

(2) 気体

(3) 100℃

2 (1) 0℃

(2) 液体(えきたい)から固体(こたい)

(3) 増(ふ)えます

3 (1) ⑦

(2) 水てき（水のつぶ）

(3) 日なた

4 (1) 高い場所から低い場所

(2) 大きいときに早くなり，小さいときにおそくなる

レッスン 17 天気の変化

チェック 1

(1) 晴れ

(2) 西（から）東

チェック 2

(1) 西

(2) 暴風域(ぼうふういき)

レッスン 17 の力だめし

1 ウ

解説

雲にはいろいろな種類があり，1日の間でも形や量，動き方が変わります。雲の形や量が変化すると，天気も変わっていきます。

2 (1) 仙台…晴れ　　大阪…雨

(2) 雲

(3) 天気…雨かくもり

理由…仙台より西の地域(ちいき)に雲があるから。

解説

（3）日本付近の天気は，西から東へ変わります。

西日本にかかっている雲は，次の日には仙(せん)台(だい)のある東日本へ移っていくと考えられます。

3 (1) 夏

(2) ①西　②北や東（東や北）

(3) 水不足

解説

(3) 台風による強風や大雨で大きなひ害が出ることもあります。しかし，その反面，夏の日照りによるダムの水不足が，台風の大雨で解消されることもあるのです。

レッスン18 植物の発芽と成長

チェック 1
(1) 発芽
(2) 水・空気・適当な温度

チェック 2
(1) 子葉
(2) 青むらさき色

チェック 3
(1) 日光，肥料
(2) たけは長くなるが，葉やくきは黄色やうすい緑色で，葉の数は少ない。

レッスン18 の力だめし

1 (1) 発芽
(2) ア
(3) 空気・適当な温度

解説

(2)(3) 発芽に必要な条件は，水，空気，適当な温度です。

2 (1) ⑦
(2) ⑦…青むらさき色
⑦…変化しない

解説

(1) 子葉の中のでんぷんが，発芽やその後の成長の養分として使われるので，子葉は成長につれてしぼんで小さくなります。

3 (1) ア
(2) ①Aと B
②Aと C

解説

(1) 肥料のふくまれていない土を選びます。
(2) ①日光・水の条件が同じものを選びます。
②肥料・水の条件が同じものを選びます。

ポイント 植物の発芽には水・空気・適当な温度が，植物の成長には日光と肥料が必要です。

レッスン19 メダカの誕生

チェック 1
(1) おす
(2) 25℃くらい

チェック 2
(1) 受精
(2) 養分

レッスン19 の力だめし

1 ①おす　②めす

解説

メダカのおすとめすは，背びれやしりびれなど，体の形で見分けがつきます。

ポイント おすの背びれは，つけ根に
切れこみがあり，しりびれは平行四辺
形のような形です。
めすのしりびれは，後ろに向けてはば
がせまくなっています。

---

2 ⑧→③→②→⑤→①→⑥→④→⑦

---

3 ①おす　②精子　③受精卵

解説

めすが産んだ卵が，おすの精子と結びつい
て，受精卵になります。

---

4 （例）メダカは卵の中に，植物の
種子は種子の中に，育つための養分を
もっているところ。

解説

メダカも植物の種子も，それぞれ育つ場所
の中に養分をもち，その養分を使って成長
するところが似ています。

---

5 ア…接眼レンズ
イ…対物レンズ
ウ…反射鏡

レッスン20 人の誕生

チェック 1
(1) 受精
(2) 約38週間

チェック 2
(1) 羊水
(2) へそのお

解説

(2) 胎ばんは，胎児へ成長に必要な養分を
あたえたり，子宮の外へいらなくなったも
のを出したりします。

レッスン20の力だめし

1 精子，受精，受精卵，子宮，38,
3000

解説

人の受精卵は，最初は直径0.1 mmぐらい
の大きさのつぶです。そこから約38週間
かけて，生まれる前には，体重約3000 g・
身長約50 cmに成長します。

---

2 (1) ア…胎ばん　イ…へそのお
ウ…羊水
(2) ①イ　②ア　③ウ

解説

母親の子宮の中のようすです。胎児がどの
ように母親とつながっているのか，それぞ
れの名前とはたらきを確にんしておきま
しょう。

---

3 イ→ウ→ア

解説

人の受精卵は，母親の子宮でだんだん人ら
しい姿に成長します。
アは受精24週後ごろ，イは4週後ごろ，ウ
は10週後ごろのようすを表しています。

レッスン2-1 花のつくりと受粉

チェック 1
(1) 1本
(2) おばな

チェック 2
(1) 花粉
(2) 受粉

解説

受粉することで実の中に種子ができます。
種子が植物の生命を受けついでいきます。

レッスン2-1 の力だめし

1 花粉，受粉，実，種子

2 (1) ア…花びら　イ…おしべ
ウ…がく
(2) エ

解説

(1) アサガオは1つの花の中におしべとめ
しべがあります。
(2) 受粉すると，めしべの根もとの部分が
ふくらんで実ができ，やがて中に種子がで
きます。

3 (1) B
(2) イ
(3) こん虫

解説

(1) 根もとのふくらんだところまでをめし
べといい，めしべがあるのがめばなです。

(3) こん虫によって花粉が運ばれる植物は
他に，アブラナやヘチマ，ヒマワリなどが
あります。

ポイント おばな…がく・花びら・お
しべからできている。
めばな…がく・花びら・めしべからで
きている。

レッスン2-2 流れる水のはたらき

チェック 1
(1) 運ぱん
(2) 大きくなる

解説

(2) 水の流れが速くなると，しん食と運ぱ
んの2つのはたらきが大きくなります。

チェック 2
(1) 上流
(2) 外側

チェック 3
(1) 増える
(2) てい防

レッスン2-2 の力だめし

1 (1) 地面，しん食
(2) 運ぱん
(3) 川底，たい積

解説

流れる水には，しん食・運ぱん・たい積の

3つのはたらきがあります。

> ❷ (1) Ⓑ
> (2) Ⓐ
> (3) ④

解説

水の流れが速い④では土がけずられ，水の流れがおそい⑦には小石や砂が積もります。

> ❸ (1) 中流
> (2) 上流
> (3) 下流
> (4) 下流

解説

上流は，しん食のはたらきが大きいので，がけや深い谷になります。運ぱんされた土砂は，流れがゆるやかな河口付近でたい積します。河口に近づくにつれ，川原が広くなります。

23 電磁石のはたらき

チェック 1
(1) コイル
(2) 引きつけられた

チェック 2
(1) 強くなる
(2) かん電池

チェック 3
(1) 多くなる（増える）
(2) 弱くなる

ポイント 電磁石のはたらきを強くするには，次の２つの方法があります。
①かん電池の数を増やすなどして，電流を大きくする。
②コイルの巻き数を増やす。

23 の力だめし

> ❶ (1) 〇
> (2) ◎
> (3) 〇
> (4) △

解説

電磁石は電流が流れているときだけ，磁石のはたらきがあります。電流の向きを変えると，N極とS極も入れかわります。

> ❷ ①＋
> ②－，5，－
> ③－，500，50

解説

電流計は，簡易検流計よりもくわしく電流の大きさをはかることができます。こわれやすいので，注意して実験しましょう。

> ❸ (1) ⑦
> (2) ④
> (3) ④

解説

電磁石のはたらきを強くするには，かん電池を増やして流れる電流を大きくしたり，コイルの巻き数を増やしたりします。

レッスン24 もののとけ方

チェック 1
(1) 水よう液
(2) スポイト

チェック 2
(1) 115 g
(2) 左右に同じはばでふれる

解説
(1) 水の重さ＋とかしたものの重さ＝水よう液の重さになります。

チェック 3
(1) 増える（多くなる）
(2) 上げる（高くする）

解説
水にとけ残ったものをとかすには，水の量を増やす方法と，水の温度を上げる方法があります。

レッスン24の力だめし

1 (1) ホウ酸
(2) すべてとける
(3) すべてとける

解説
(3) 水の量が2倍になると，とけるものの量も2倍になります。よって，30℃の水200 mLには，ホウ酸はすべてとけます。

2 (1) ミョウバン
(2) 水よう液が冷めて，その温度ではとけることができないミョウバンが出てきたから。
(3) ①・④

解説
ミョウバンは，とかす水の温度が上がると，とける量が増えます。水の温度が下がると，その温度ではとけきれないミョウバンが出てきますが，全部のミョウバンが出てくるわけではありません。その温度でとけるミョウバンが水にとけています。

レッスン25 ふりこのきまり

チェック 1
(1) イ
(2) C

チェック 2
(1) （ふりこの）長さ
(2) 長くなる

解説
ふりこが1往復する時間は，ふりこの長さが長いと長くなり，短いと短くなります。

17

1 (1) 式12.8＋13.2＋13.0＝39

答え39秒

(2) 式39÷3＝13

13÷10＝1.3

答え1.3秒

(3) ©

解説

(3) はかり方のわずかなちがいから結果が
変わってくるので，何回か時間をはかって，
1往復する時間の平均を出すようにしま
しょう。

2 (1) ⑦

(2) ㋺

(3) ふりこの長さを50cmにする。

解説

(1) ふりこが1往復する時間が一番長いの
は，ふりこの長さがもっとも長いものです。

(2) ふりこが1往復する時間が一番短いの
は，ふりこの長さがもっとも短いものです。

(3) おもりの重さやふれはばが変わっても
ふりこが1往復する時間は同じです。ふり
こが1往復する時間を同じにするには，ふ
りこの長さを同じにします。

レッスン26 ものの燃え方

チェック 1

(1)（ふたを）開けているびん

(2) 新しい空気

チェック 2

(1) 酸素

(2) 二酸化マンガンにうすい過酸化水
素水を加える

チェック 3

増える気体…二酸化炭素

減る気体…酸素

変わらない気体…ちっ素

チェック 4

(1) 二酸化炭素

(2) 白くにごる

1 (1)（例）空気の出入りがうまく
できず，びんの中の酸素が減ってし
まったため。

(2) ①ア ②ア

(3)（右図）

解説

(2) ①びんが大きくなれば，中に入っている空気の体積も大きくなるので，ろうそくの火はより多くの酸素を使うことができます。

(3) びんの底と口にすき間があると，火の下のほうから，上のほうへと空気の流れができ，すき間がせまくても火は燃え続けることができます。

> **2** ちっ素…イ，ウ
> 酸素…ウ，エ，オ
> 二酸化炭素…ア，ウ

解説

ちっ素，酸素，二酸化炭素は，どれも無色でとうめいな気体です。

> **3** (1) 酸素が減って，二酸化炭素が増えた。
> (2) 気体検知管

解説

(1) ものが燃える前とあとで，ちっ素は増えたり減ったりしません。

レッスン 27 人の体のしくみ

チェック 1

(1) 呼吸
(2) はいた空気

チェック 2

①気管
②肺
③酸素
④二酸化炭素

チェック 3

(1) 消化
(2) でんぷん

チェック 4

(1) 消化管
(2) 口…だ液
　胃…胃液

チェック 5

(1) 酸素・養分
(2) 全身から帰ってくる血液
(3) じん臓

解説

(2) 酸素は心臓から全身に出ていくときに多く，二酸化炭素は少ないです。酸素はじゅんかんの間に血液中から減っていき，かわりに二酸化炭素が増えていきます。

レッスン27の力だめし

1 (1) 酸素
(2) 気管
(3) イヌ・ペンギン・クジラ

解説

(3) 貝，魚はえらで呼吸をしています。

2 (1) ①だ液
②消化液
(2) ①ウ
②エ
③ア
④イ
(3) エ→イ→ウ→ア

3 ア 名前…肺 はたらき…空気中から酸素を取り入れ，二酸化炭素を出す。
イ 名前…じん臓 はたらき…血液から不要なものをこし取り，尿として体の外へ出す。

レッスン 2-8 植物の体のつくりとはたらき

チェック 1
(1) 日光
(2) でんぷん

解説
植物の葉に日光が当たると，でんぷんがつくられます。

チェック 2
(1) 根
(2) 蒸散

レッスン 2-8 の力だめし

1 (1) イ
(2) 日光
(3) （例）葉をやわらかくするため。

解説
(3) 植物の葉はかたいため，そのままではヨウ素液をはじいてしまいます。お湯でにると葉はやわらかくなるので，ヨウ素液がしみこみやすくなります。

2 ①根
②水蒸気
③蒸散

3 ①根
②葉
③根・くき・葉
④葉

解説
根では，土から水や水にとけた養分が取りこまれます。葉では，でんぷんなどの養分がつくり出され，また表面にある小さな穴から水が水蒸気となって出されています。水が通る管は，根からくき，葉へと，体のすみずみまではりめぐらされています。

レッスン 2-9 生き物とかんきょうのかかわり

チェック 1
(1) ←
(2) →

解説
トノサマバッタとリスは植物を食べる動物，カマキリとタカは動物を食べる動物です。

チェック 2
(1) 二酸化炭素を取り入れて酸素を出す。
(2) 呼吸

解説

植物はつねに呼吸をしていますが，日光が当たっているときは，二酸化炭素を取り入れて酸素を出すはたらきのほうがずっと大きくなります。

チェック 3

(1) 水

(2) 雲

レッスン29 の力だめし

1 ①酸素

②二酸化炭素

③植物

④植物

⑤養分

2 ①水

②二酸化炭素

③酸素

解説

①は植物の根から吸い上げられて空気中へ出ているので，水です。②と③は，動物が取り入れているものが何か，出しているものが何かということに注目すると，わかります。

3 (1) ○

(2) ×

(3) ×

(4) ○

(5) ×

解説

(1) 人間の活動により，二酸化炭素のはい出量が増え，同時に植物が減っているため，

空気中の二酸化炭素の割合が増えています。

(2) 種類によって多少の差はありますが，動物の体の大部分は水でできています。

(3) 自分で養分をつくることができるのは，植物です。

(5) 植物はつねに呼吸をしています。日光が当たっているときだけ，二酸化炭素を取り入れて酸素を出すはたらきをします。

レッスン30 月と太陽

チェック 1

①光

②太陽

③反射

解説

太陽の光が当たっていない部分がかげになっていることから，月が自分で光っていないことがわかります。

チェック 2

ア

解説

月の位置が太陽に近いほど，地球から見える月の形は細くなります。

チェック 3

ウ→エ→イ→ア

解説

月は右から光る部分が増えていき，満月を過ぎるとまた右から暗くなっていきます。

チェック 4

(1) クレーター

(2) 月

解説

（2）太陽は光が強いため，直接見たり，そう眼鏡などでのぞくと，目をいためる危険があります。

30 の力だめし

1 ①ウ
②ア
③イ
④オ
⑤エ

解説

地球から見て太陽の反対側にある①の月が，ウの満月です。②のア，③のイと月の右から欠けていき，④ではオの新月になります。新月を過ぎると，また右側から明るくなっていき，⑤でエの半月（上弦の月）になります。

2 （1）

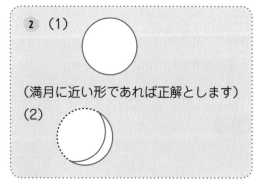

（満月に近い形であれば正解とします）

（2）

解説

太陽が西にしずむとき，月が真東にあるときは満月になります。一方，月が南西にあるときは，三日月になります。月は，いつも太陽のある側が光っているので，右側が光る三日月の形です。

3 ①太陽
②月
③両方
④月
⑤月

31 土地のでき方と変化

チェック 1

（1）地層
（2）がけ

解説

（2）地層は，山などがくずされてがけになっているところでよく観察できます。

チェック 2

（1）れき→砂→どろ
（2）化石

解説

（2）生き物そのものだけでなく，巣や足あとなどの，生き物がいたあかしが残されたものも，化石といいます。

チェック 3

①（流れる）水
②たい積
③れき岩
④砂岩
⑤でい岩

チェック 4

（1）火山
（2）（ごつごつと）角ばっている。

解説

(2) 水の力でできる地層（ちそう）では，れきや砂などは丸みをもっています。火山の力でできたものでは，ごつごつと角ばっています。

チェック 5

(1) よう岩・火山灰（かざんばい）

(2) 断層（だんそう）

解説

(2) 地しんが起こると，土砂（どしゃ）くずれや地割（じわ）れなども起こることがあります。

31 の力だめし

1 ①れき岩

②でい岩

③砂岩（さがん）

解説

つぶの大きいほうから順（じゅん）に，れき岩，砂岩，でい岩です。でい岩は「どろ岩」ではないので，注意しましょう。

2 ①火山

②水

③水

④火山

解説

丸みをもったれきや砂，どろでできているのが，水のはたらきでできた地層で，火山灰や角ばったれきなどでできているのが，火山のはたらきでできた地層です。また，水のはたらきでできた地層からは，水中の生き物の化石が見つかることがあります。

3 ①火山

②よう岩

③火山灰

④火口

⑤・⑥山・島

⑦地しん

⑧・⑨土砂くずれ・地割れ

⑩断層（だんそう）

---

32 水よう液の性質（すいえきせいしつ）

チェック 1

(1) 二酸化炭素（にさんかたんそ）

(2) 固体（こたい）がとけている水よう液（えき）

解説

(2) 気体がとけている水よう液では，水が蒸発（じょうはつ）するときに気体も空気中に出てしまうため，あとに何も残（のこ）りません。

チェック 2

①アルカリ性（せい）

②酸性（さんせい）

③酸性

④中性

チェック 3

(1) 酸性（さんせい）

(2) アルカリ性

(3) 中性

解説

酸性の水よう液は青色のリトマス紙を赤色に，アルカリ性の水よう液は赤色のリトマス紙を青色に変（か）えます。中性の水よう液は，

リトマス紙の色を変えることはできません。

チェック 4
①塩酸・水酸化ナトリウム水よう液
②塩酸

解説
アルミニウムは，塩酸と水酸化ナトリウム水よう液の両方にとけます。鉄は，塩酸にしかとけません。

チェック 5
(1) アルミニウムを塩酸にとかしたあとで出てきたもの
(2) アルミニウム

解説
アルミニウムを塩酸にとかすと，その性質はちがうものになります。

レッス32の力だめし

1 ①気体
②気体（もしくは二酸化炭素）
③リトマス紙
④赤
⑤青

解説
水よう液には，固体がとけているもの，気体がとけているものがあります。また，酸性，中性，アルカリ性という分類があり，リトマス紙によって見分けることができます。

2 ①なし
②ウ・オ
③イ
④ア・エ
⑤なし
⑥カ

解説
①②③は固体がとけている水よう液，④⑤⑥は気体がとけている水よう液です。酸性・中性・アルカリ性の区別と，どんなものがとけているのかを手がかりに，分類しましょう。

3 ①塩酸
②食塩水
③水酸化ナトリウム水よう液

解説
塩酸は，アルミニウムと鉄の両方をとかします。水酸化ナトリウムは，アルミニウムだけをとかすことができます。食塩水は中性で，アルミニウムも鉄もとかすことはできません。

レッス33 てこのしくみとはたらき

チェック 1
①力点
②支点
③作用点

解説
①は人が力を加えているので力点，②は棒を支えている部分なので支点，③は動かしたいものがつるされているので作用点です。

24

チェック 2

②→③→①

解説

力点から支点，作用点から支点のきょりを比べて，力点から支点のきょりが長いものほど，また，作用点から支点のきょりが短いほど，小さな力でものを持ち上げることができます。

チェック 3

(1) 作用点
(2) 力点
(3) 力点

解説

(1)(2) はさみは，「作用点ー支点ー力点」の形のてこです。中心が支点，刃の部分が作用点，手でにぎる部分が力点です。
(3) 糸切りばさみは，「支点ー力点ー作用点」の形のてこです。刃の反対側のはしが支点，刃が作用点で，真ん中は手で持つ部分なので力点です。

チェック 4

(1) 90 g
(2) 50 cm

解説

(1) 「支点からおもりをつるしている点までのきょり×おもりの重さ」が左右で等しいので，60×60＝□×40　の式の□が答えになります。
(2)(1)と同じように，300×10＝60×□の式に当てはまる□を求めましょう。

レッスン3の力だめし

1 ①てこ
②支点
③力点
④作用点
⑤3

解説

支点，力点，作用点という言葉とその意味は，かならず覚えましょう。

2 (1) イ
(2) ア

解説

手で力をくわえる力点は，支点からきょりがはなれるほど小さい力でものを動かすことができます。(1) の支点はまん中，(2) では支点は右はしにあるので，それぞれそこからはなれているほうの点を選べばよいのです。

3 ①②③

解説

おもりの重さ×支点までのきょりの値を左右のうでで比べると，①は120（きょり4×おもり30 g）と120（きょり2×おもり60 g），②は60（きょり6×おもり10 g）と60（きょり2×おもり30 g），③は80（きょり4×おもり20 g）と80（きょり4×おもり20 g），④は60（きょり6×おもり10 g）と10（きょり1×おもり10 g）です。左右で同じ値になったてこが，つり合っています。

レッスン34 電気のつくり方と利用

チェック 1
(1) ＋極
(2)（発電機などにつなぐことで，）電気をためることができる道具。

解説
(1) 手回し発電機を使うときは，発電機とつなぐものの，それぞれ＋極どうしと －極どうしをつなぎます。

チェック 2
(1) 豆電球
(2) 発光ダイオード

解説
(1) 豆電球と発光ダイオードでは，豆電球のほうが電気を多く使うため，発電するときの手ごたえは重くなります。
(2) 発光ダイオードは，電球と比べて使う電気の量が少ないため，同じ電気の量でも明かりが長くつきます。

チェック 3
(1) 止まる（動かない）。
(2) 光が当たらないから。

解説
光電池は光を当てると電流が流れるので，日かげでは電流が流れず，車は止まってしまいます。

チェック 4
①熱
②音
③運動

1　①名前：手回し発電機　説明：ア
　②名前：コンデンサー　説明：ウ

解説
イは，電熱線について説明したものです。

2　(1) ×
　(2) ×

解説
(2) 手回し発電機のハンドルを速く回しすぎると，発電機やコンデンサーがこわれる可能性があります。

3　(1) 熱
　(2) 運動
　(3) 音

4　(1) ⑦　(2) 大きくなる

解説
光電池は光の当たり方で流れる電流の大きさが変わります。強い光のほうが電流は大きく，光が当たらないと，電流は流れません。

メモ

たすけてー!!

キョロ
キョロ

ボン!!

あれ?

ぐー

Gakken

どろどろ

ライオンの
毛皮